# FORSCHUNGSBERICHTE DES LANDES NORDRHEIN-WESTFALEN

Herausgegeben durch das Kultusministerium

Nr. 928

Prof. Dr.-Ing. Herwart Opitz
Dr.-Ing. Helmut Rohde
Dipl.-Ing. Wilfried König
Laboratorium für Werkzeugmaschinen und Betriebslehre
an der Technischen Hochschule Aachen

## Untersuchung des Räumvorganges

Als Manuskript gedruckt

SPRINGER FACHMEDIEN WIESBADEN GMBH

ISBN 978-3-663-03792-7      ISBN 978-3-663-04981-4 (eBook)
DOI 10.1007/978-3-663-04981-4

# Gliederung

Einführung . . . . . . . . . . . . . . . . . . . . . . . . . . . S. 5

1. Einleitung . . . . . . . . . . . . . . . . . . . . . . . . . S. 5
   1.1 Einführung und Aufgabenstellung . . . . . . . . . . . S. 5
   1.2 Grundlagen des Räumvorganges . . . . . . . . . . . . S. 7
   1.3 Stand der Erkenntnis . . . . . . . . . . . . . . . . . S. 12

2. Abgrenzung des Versuchsbereiches, Meßgrößen und Meßverfahren . . . . . . . . . . . . . . . . . . . . . . . S. 21
   2.1 Versuchswerkstoff und Versuchsbereich . . . . . . . . S. 22
   2.2 Versuchswerkzeug und -maschinen . . . . . . . . . . . S. 24
   2.3 Meßgrößen und Meßverfahren . . . . . . . . . . . . . S. 27

3. Vorversuche zur Ermittlung geeigneter Versuchsbedingungen  S. 31

4. Der Verschleiß am Räumwerkzeug . . . . . . . . . . . . . . S. 34

5. Schneidenansatzbildung und Oberflächengüte beim Räumen . S. 41
   5.1 Die Schneidenansatzbildung beim Räumen . . . . . . . S. 41
   5.2 Die Oberflächengüte beim Räumen . . . . . . . . . . . S. 55
       5.21 Einfluß der Schnittbedingungen und Kühlschmiermittel . . . . . . . . . . . . . . . . . . . . . . S. 58
       5.22 Einfluß des Werkstück- und Schneidwerkstoffes . S. 64
       5.23 Einfluß der Schneidengeometrie . . . . . . . . . S. 67
       5.24 Einfluß der Schneidenabstumpfung . . . . . . . . S. 68
   5.3 Zusammenhang zwischen Oberflächengüte und Schneidenansatzbildung . . . . . . . . . . . . . . . . . . . . . S. 83

6. Schnitt- und Zugkräfte sowie Spanstauchung beim Räumen . S. 85
   6.1 Einfluß der Schnittbedingungen und Kühlschmiermittel beim Räumen verschiedener Werkstoffe . . . . . . . . S. 91
   6.2 Einfluß der Schneidengeometrie . . . . . . . . . . . . S. 97
   6.3 Einfluß der Schneidenabstumpfung . . . . . . . . . . . S. 101
   6.4 Die Spanstauchung beim Räumen . . . . . . . . . . . . S. 102

7. Zusammenfassung . . . . . . . . . . . . . . . . . . . . . . S. 104

Abkürzungsverzeichnis . . . . . . . . . . . . . . . . . . . . . S. 107
Literaturverzeichnis . . . . . . . . . . . . . . . . . . . . . S. 109

## Einführung

Der Bericht schließt an den Forschungsbericht Nr. 426 des Ministeriums für Wirtschaft und Verkehr des Landes Nordrhein-Westfalen an und enthält die Ergebnisse systematischer Untersuchungen der Haupteinflußgrößen für den Räumvorgang.

## 1. Einleitung

### 1.1 Einführung und Aufgabenstellung

Das Räumen hat in den Betrieben der Massenfertigung eine weite Verbreitung gefunden. Es wurde erstmalig gegen Ende des vergangenen Jahrhunderts bekannt und angewendet, gewann seine eigentliche Bedeutung in Deutschland jedoch erst in den zwanziger Jahren und nahm von da einen steilen Aufschwung.

Beim Räumen handelt es sich um ein spangebendes Arbeitsverfahren, bei dem die Zerspanaufgabe auf eine Vielzahl von Schneiden verteilt ist. Die einzige Bewegung zwischen Werkzeug und Werkstück während der Zerspanung ist die Schnittbewegung. Eine gesonderte Vorschubbewegung, wie z.B. beim Drehen, Fräsen, Hobeln und Sägen ist nicht notwendig, da durch die im Werkzeug vorhandene Zahnsteigung die Größe des Arbeitsfortschrittes und damit die Spanabnahme festgelegt ist (Abb. 1). Form und Maß des Werkstückes werden also allein durch die Ausbildung des Räumwerkzeuges bestimmt.

Da das Räumen meist eine Endbearbeitung im Fertigungsablauf eines Werkstückes darstellt, wird zugleich eine hohe Genauigkeit des Werkzeuges verlangt. So werden z.B. Werkstücke mit ISA-Qualität 6 oder 7 durch Räumen hergestellt. Aus diesem Grunde sind die Kosten für die Herstellung eines Räumwerkzeuges oft sehr hoch, so daß sich das Verfahren praktisch nur für den Einsatz bei Serien- oder Massenfertigung eignet. Andererseits sind die Bearbeitungszeiten beim Räumen im Vergleich zu entsprechenden anderen Fertigungsverfahren wesentlich niedriger, da meist eine relativ großflächige Bearbeitung erfolgt, die auf eine Vielzahl von Schneiden verteilt ist. Gleichzeitig ist der Bearbeitungsvorgang sehr vereinfacht, so daß die leichte Bedienbarkeit der Maschine den Einsatz weniger qualifizierter Arbeitskräfte ermöglicht. Zudem führt die Weiterentwicklung im Räummaschinenbau dahin, daß die Räummaschinen vielfach als Räumautomaten mit Zuführungs- und Magaziniereinrichtungen in Takt- und Fertigungsstraßen Verwendung finden.

Das Bearbeiten von Formlöchern jeglicher Art und Nuten in Bohrungen nennt man Innenräumen, das Bearbeiten von Außenflächen und Profilen an der Außenseite eines Werkstückes bezeichnet man dagegen mit Außenräumen. Hierbei tritt das Außenräumen an die Stelle des Fräsens, Hobelns und Schleifens, und das Innenräumen ist ein Ersatz für das Stoßen, Reiben und Innenschleifen.

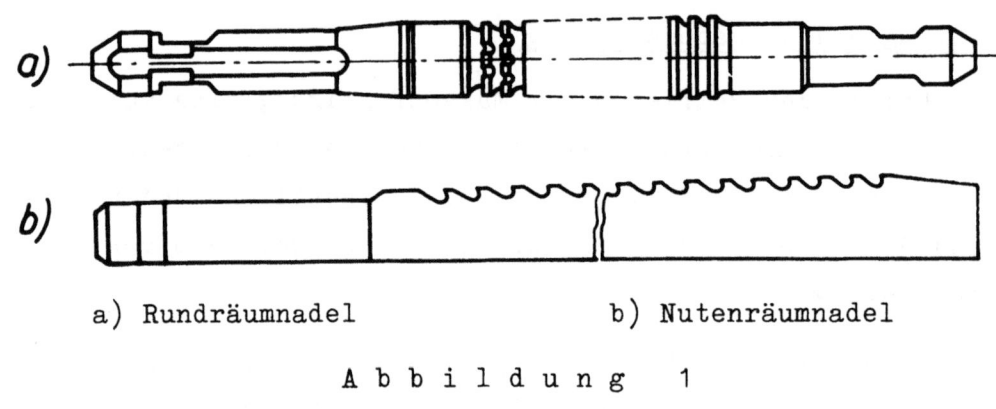

a) Rundräumnadel      b) Nutenräumnadel

A b b i l d u n g   1
Räumwerkzeuge

Über den Räumvorgang selbst ist noch nicht viel bekannt. Erste Veröffentlichungen bezogen sich auf die praktische Durchführung und den Einsatz von Maschinen und Vorrichtungen, [49, 50, 51, 52, 53, 60]. Die zunehmende Bedeutung des Räumens innerhalb der Fertigungsverfahren läßt es jedoch notwendig erscheinen, eine Untersuchung der grundlegenden Zusammenhänge beim Räumvorgang durchzuführen.

Die Zahl der Einflußgrößen auf den Räumvorgang ist entsprechend der Eigenart des Verfahrens sehr groß. Als wesentliche Faktoren sind dabei zu nennen:

1) Werkstück (Werkstoff, Gefüge, chemische und technologische Eigenschaften, Formgebung und Starrheit, Räumprofil, Räumlänge und -breite),

2) Werkzeug (Schneidstoff, Herstellung und Gestaltung einschließlich Schneidengeometrie und Werkzeugaufbereitung),

3) Schnittbedingungen (Schnittgeschwindigkeit, Spandicke und Zahnsteigung, Schnittverhältnisse, Schneidflüssigkeit),

4) Werkzeugmaschine und Aufspannvorrichtung (Schnittgeschwindigkeitsbereich, installierte Leistung und Zugkraft, Schwingungssteifigkeit und Starrheit).

In dem vorliegenden Bericht soll einmal versucht werden, die einzelnen
Einflußgrößen zu trennen und ihre Auswirkungen auf das Räumergebnis zu
ermitteln. Als Hauptbewertungsgrößen für den Räumvorgang sind dabei zu
untersuchen:

    1. die Oberflächengüte des Werkstückes,
    2. die Maß- und Formgenauigkeit der Werkstücke,
    3. die Schneidhaltigkeit der Werkzeuge,
    4. der erforderliche Kraftbedarf.

Da sich die Untersuchungen auf das Außen- und Innenräumen beziehen,
überdecken sich jedoch teilweise die verschiedenen Einflüsse. Deshalb
soll der Versuch unternommen werden, den Vorgang auf einfachere analoge
Verfahren zurückzuführen, so daß eine Trennung der verschiedenen Einflußgrößen besser möglich ist. Die Untersuchungen werden daher durch
Versuche beim Einstechdrehen und Einzahnräumen ergänzt, um damit Auskunft über die grundlegenden Zusammenhänge bzw. die Gesetzmäßigkeiten
zu erhalten und gleichzeitig eine Verbindung zwischen dem ein- und mehrschneidigen Werkzeug zu schaffen.

Neben der Ermittlung dieser empirischen Gesetzmäßigkeiten und Abhängigkeiten soll der vorliegende Bericht Richtwerte für das Räumen von Stahl
und anderen Werkstoffen enthalten und Anregungen für den praktischen
Einsatz im Betrieb geben.

## 1.2 Grundlagen des Räumvorganges

Wie eingangs schon erwähnt, ist die beim Räumen erzielbare Oberflächengüte und Maßhaltigkeit in erster Linie von der Gestaltung des Werkzeuges
abhängig. Im folgenden sollen die grundlegenden Begriffe und Größen für
die Gestaltung eines Räumwerkzeuges und die Schnittbedingungen beim
Räumvorgang erläutert werden.

Größe und Querschnitt eines Räumwerkzeuges sind in besonderem Maße beim
Innenräumen von Bohrungen und Profilen von der Zerspanaufgabe abhängig.
Dabei muß das Werkzeug die gesamte Zugkraft aufnehmen und übertragen.
Da beim Räumen meist Spanquerschnitte mit großen Spanbreiten und kleinen
Spandicken abgehoben werden, ist der Kraftbedarf an Maschine und Werkzeug relativ hoch, denn die spezifische Schnittkraft steigt mit kleiner
werdender Spandicke an. Aus diesem Grunde wird das Werkzeug nicht zuletzt aus einem Werkstoff hergestellt, der eine große Zugfestigkeit und
dazu noch eine hohe Verschleiß- und Warmfestigkeit besitzt und bei der

Herstellung eine möglichst geringe Anfälligkeit gegen Härteverzug aufweist. Wegen der hohen Werkzeugkosten für das Räumwerkzeug müssen große Standzeiten erreicht werden, um die anteiligen Werkzeugkosten je Werkstück gering zu halten. Aus diesem Grunde können im allgemeinen beim Räumen nur relativ geringe Schnittgeschwindigkeiten angewendet werden, die wesentlich niedriger liegen als bei anderen Bearbeitungsverfahren. Zum anderen gestatten auch die beim Räumen auftretenden dynamischen Beanspruchungen sowohl für das Werkzeug als auch für die Maschine keine höheren Schnittgeschwindigkeiten. Als Schneidstoff werden je nach der geforderten Leistung legierte Werkzeugstähle (für Kleinserienfertigung) und für die Massenfertigung in überwiegendem Maße Schnellarbeitsstähle verschiedener Qualitäten (z.B. DMo 5, BMo 9, EV4 Co, B 18) verwendet. Dabei werden zur Bearbeitung von Stählen mittlerer Festigkeit im allgemeinen Schnittgeschwindigkeiten zwischen $v = 4$ und $9$ m/min gewählt; lediglich für das Räumen von Nichteisenmetallen und Kunststoffen können höhere Geschwindigkeiten bis zu $v = 15$ m/min angewendet werden. Beim Außenräumen liegen die Schnittgeschwindigkeiten gewöhnlich etwas höher als beim Innenräumen. In Einzelfällen wird auch Hartmetall eingesetzt, so z.B. zum Außenräumen von Zylinder-Blöcken, wo nach WHITE [77] und WETZEL [76] Schnittgeschwindigkeiten bis zu 40 m/min Anwendung finden.

Die Spandicke je Zahn ergibt sich aus dem Höhenunterschied zweier aufeinander folgender Schneiden, der Zahnsteigung h, die durch den Steigungsschliff am Werkzeug erzeugt wird (Abb. 12). Die Größe der Zahnsteigung ist abhängig von dem zu räumenden Werkstoff, der geforderten Form des Profils und hat einen wesentlichen Einfluß auf die Oberflächengüte des geräumten Werkstückes. Für die Stahlbearbeitung sind bei Verwendung von Schnellarbeitsstahlwerkzeugen Zahnsteigungen zwischen $h = 0,05$ und $0,12$ mm für den Schruppvorgang und $h = 0,01$ bis $0,02$ mm für den Schlichtvorgang üblich.

Die Grundform des Räumzahnes mit den geometrischen Abmessungen und den Werkzeugwinkeln zeigt Abbildung 2. Hierbei werden die Schneidenwinkel entsprechend den Verhältnissen am Drehwerkzeug bezeichnet. Die Größe des Spanwinkels richtet sich selbstverständlich nach dem zu zerspanenden Werkstoff, wobei die üblichen Werte für die Bearbeitung von Stahl zwischen $\gamma = 8$ bis $18°$ liegen. Der Freiwinkel $\alpha$ wird bei Räumwerkzeugen im allgemeinen kleiner gewählt als bei Dreh- und Fräswerkzeugen. Er ist für Innenräumwerkzeuge selten größer als $\alpha = 3°$, damit durch das Nachschleifen keine größeren Unterschiede in den Toleranzen der

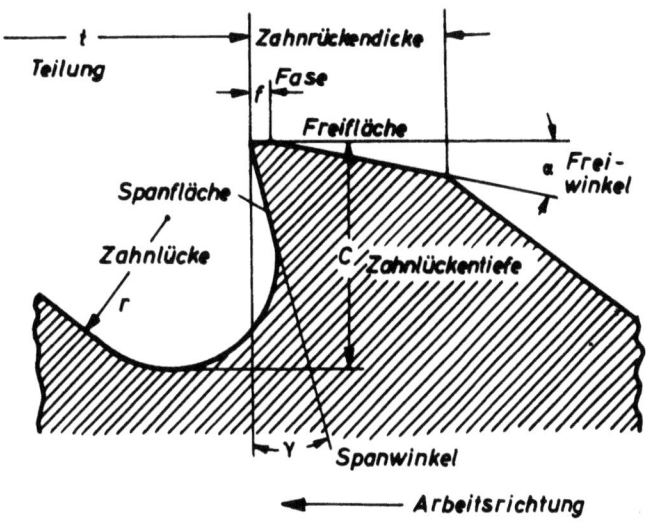

Abbildung 2
Grundform des Räumzahnes

geräumten Profile auftreten. Beim Außenräumen sind demgegenüber Freiwinkel von $\alpha = 10°$ durchaus üblich, wenn es die Stabilität des Räumzahnes zuläßt. Vielfach wird auch zur Vergrößerung des Keilwinkels eine achsparallele Fase angeschliffen. Durch eine derartige Fase erhöhen sich jedoch die Schnittkräfte, und die Oberflächengüte wird ebenfalls ungünstig beeinflußt, so daß die Anbringung einer Fase in den meisten Fällen nicht gerechtfertigt erscheint. Für Hartmetallwerkzeuge gibt DAWIHL [5] als Freiwinkel einheitlich $\alpha = 2°$ an.

Um die Zugkraftschwankungen über einen Räumhub zu verringern, werden die Schneiden zum Teil unter einem Neigungswinkel $\lambda$ (Abb. 70) angeordnet. Allerdings muß hierbei berücksichtigt werden, daß neben Hauptschnitt- und Abdrängkraft auch Seitenkräfte auftreten, die von der Maschine und ihren Führungen sowie der Werkstückvorrichtung aufgenommen werden müssen.

Neigungswinkel werden bis zu maximal $\lambda = 30°$ verwendet.

Theoretisch wird durch Frei- und Spanfläche eine scharfkantige Schneide erzeugt. Praktisch besitzt jedoch jede Werkzeugschneide nach dem Anschleifen eine bestimmte Schneidkantenabrundung, die beim Räumen wegen der sehr geringen Spandicke eine stärkere Bedeutung hat als z.B. beim Drehen oder Fräsen. Bei frisch geschärften Räumwerkzeugen beträgt der Schneidenabrundungsradius im Mittel $\varrho = 5$ bis $10\ \mu m$. Werden Span- und Freifläche zusätzlich mit einer Diamantscheibe feingschliffen, so lassen sich Radien von etwa 3 bis 4 µm erzielen. Abgestumpfte Schneiden zeigen eine unterschiedliche Ausbildung in der Form der Schneidkante, jedoch kann auch hier in vielen Fällen ein bestimmter Abrundungsradius zugrunde gelegt werden. Dieser kann je nach Abstumpfungsgrad bis zu $\varrho$ = 50 bis 60 µm groß werden.

In Abbildung 3 ist das Größenverhältnis von Schneidenabrundung und Spandicke beim Drehen und Räumen vergleichend dargestellt. Der Vergleich läßt erkennen, welche bedeutende Rolle dem Abrundungsradius bei allen Zerspanungsoperationen, die mit geringen Spandicken arbeiten, zukommt.

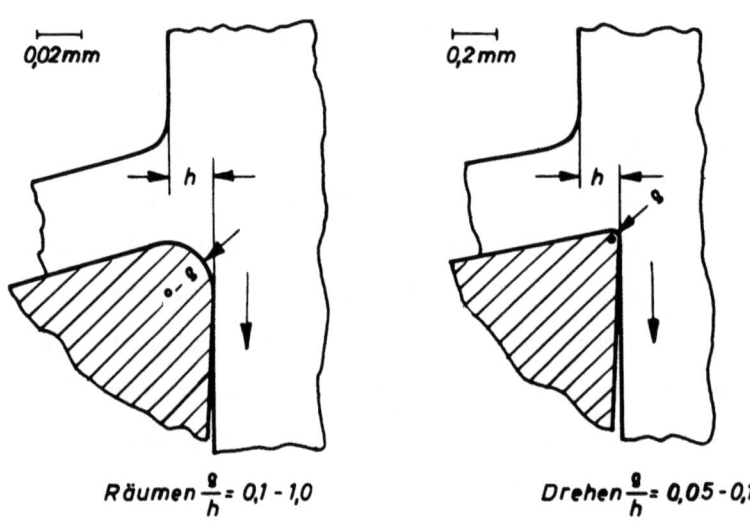

A b b i l d u n g   3
Größenverhältnis von Schneidenabrundung und Spandicke im Vergleich beim Drehen und Räumen

Die Teilbilder sind in verschiedenen Maßstäben gezeichnet, wobei die Maßstäbe so gewählt sind, daß die Spandicke in beiden Darstellungen gleich groß erscheint. Einen Anhalt über die Größenordnung der Maße geben die folgenden Werte:

    Schneidenabrundungsradius: $\varrho$ = 0,02 mm
    Spandicke beim Räumen:     h = 0,02 mm
    Spandicke beim Drehen:      h = 0,2  mm.

Diese Gegenüberstellung läßt erkennen, daß der Schneidenabrundungsradius $\varrho$ beim Räumen in derselben Größenordnung liegen kann wie die Spandicke h, daß er beim Drehen jedoch eine bis zwei Größenordnungen darunter liegt. Hinsichtlich Spanbildung und Oberflächengüte werden dementsprechend beim Räumen wesentlich andere Verhältnisse vorliegen als beim Drehen.

Durch die Zahnteilung t, die den Abstand zweier aufeinander folgender Schneiden festlegt, wird die Größe der Zahnlücke bestimmt. Diese soll das zerspante Werkstückvolumen pro Zahn und Hub aufnehmen und gleichzeitig den Span zu einer Spanlocke formen. Daher muß der Zahngrund mit einem genügend großen Radius abgerundet sein. Die Berechnung der Größe der Spankammer und Zahnteilung erfolgt nach den bekannten Methoden von SCHATZ [50, 51, 53] und SILVAGI [65] und berücksichtigt Zahnsteigung h, Einzelräumlänge l, Räumbreite b und Schnittkraft P sowie die Spanraumzahl R. Letztere gibt das Verhältnis vom Volumen einer ungeordneten Menge Späne zum Volumen des noch zu zerspanenden Werkstoffes an und soll für langspanende Werkstoffe Werte zwischen R = 5 bis 8 für die Schruppbearbeitung und etwa R = 10 für die Schlichtbearbeitung annehmen.

Die Gestaltung der Zahnfolge und der Zahnstaffelung des Räumwerkzeuges sowie die Ausbildung des Zahnprofils entscheiden über die Zerspanungsaufgabe jedes einzelnen Zahnes. Diese Arbeitsverteilung wird Zerspanungsschema genannt, wobei zwei Arten der Spanabnahme große Verbreitung gefunden haben, das normale und das progressive Zerspanungsschema. Anhand des Zerspanungsschemas eines Innenvierkants (Abb. 4) seien die Unterschiede deutlich gemacht. Beim normalen Zerspanungsschema nimmt jeder der hintereinander gestaffelten Zähne auf der gesamten Breite der

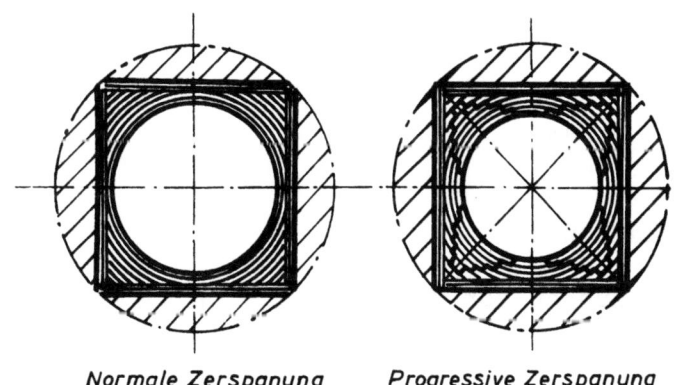

*Normale Zerspanung*  *Progressive Zerspanung*

A b b i l d u n g   4
Zerspanungsschema eines Vierkantloches beim Räumen (60)

zu räumenden Fläche einen verhältnismäßig dünnen Span mit einer Spandicke zwischen h = 0,01 und 0,05 mm ab. Da die spezifischen Schnittkräfte mit abnehmender Spandicke ansteigen, treten hierbei relativ hohe Schnittkräfte auf.

Beim progressiven Zerspanungsschema schneidet die Räumnadel nicht von Anfang an auf dem gesamten Umfang. Vielmehr wird das zu erzeugende Profil durch einige Schruppzähne mit Steigungen bis zu h = 0,25 mm grob vorgearbeitet. Durch die anschließenden Schlichtzähne mit geringer Steigung wird dann das Profil fertigbearbeitet. Hierdurch ergibt sich eine andere Schnitt- bzw. Zugkraftverteilung und insgesamt eine geringere Schnittkraft.

Abschließend sei noch auf die Tatsache verwiesen, daß durch die Art des Bearbeitungsvorganges und die verwendeten Schneidwerkstoffe beim Außen- und Innenräumen fast ausschließlich unter Zufuhr von Schmier- und Kühlflüssigkeiten gearbeitet wird.

Beim Räumen besteht die Aufgabe des Kühlschmiermittels neben der Kühlung des Werkzeuges im wesentlichen in der Verminderung der Reibung zwischen Span und Werkzeug und der Verbesserung der Oberflächengüte, wobei in starkem Maße die Schneidenansatzbildung beeinflußt wird. Hierfür finden Mineralöle mit polaren Zusätzen oder Zusätzen von Chlor, Schwefel und Phosphor sowie Schneidöl-Emulsionen Verwendung. Dabei richtet sich die Art der Schneidflüssigkeit nach der Bearbeitbarkeit des zu räumenden Werkstoffes. Bei leicht bearbeitbaren Werkstoffen muß das Kühlschmiermittel hauptsächlich die Kühlung, bei schwer bearbeitbaren Werkstoffen die Schmierung übernehmen. Außerdem müssen die ungünstigen Schnittbedingungen, der gehemmte Spanablauf und die Unzugänglichkeit der Schneidstellen beachtet werden, jedoch soll hierauf an dieser Stelle nicht näher eingegangen werden.

## 1.3 Stand der Erkenntnis

Neben Veröffentlichungen von KNOLL [21], SCHATZ [49, 50, 51, 52, 53] und SERGIENKO [60], die sich fast ausschließlich auf den praktischen Einsatz des Verfahrens im Betrieb beziehen, berichteten SACHSENBERG und MANN [46, 33] über Untersuchungen des Kraftbedarfs beim Räumen von Eisenwerkstoffen verschiedener Festigkeit und Dehnung. Weiterhin wurden Untersuchungen über die günstigste Zahnform in bezug auf Schnittwinkel und Fasenbreite, Zahnteilung und -steigung sowie den Einfluß der Schmierung bei der Bearbeitung verschiedener Werkstoffe durchgeführt.

In letzter Zeit sind weitere Veröffentlichungen über das Räumen und analoge Untersuchungen erschienen. LEYENSETTER [29] ermittelte u.a. die Oberflächenrauheit beim Einzahnräumen in Abhängigkeit von der Schnittgeschwindigkeit (Abb. 5). Die Versuche wurden an Stahl 41 Cr 4 sowohl im Trockenschnitt als auch bei Verwendung von Öl und Emulsion durchgeführt.

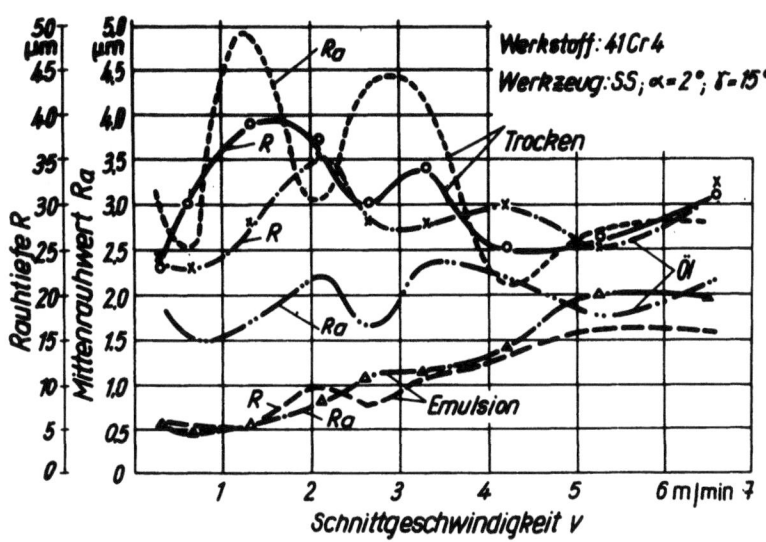

Abbildung 5

Oberflächenrauheit in Abhängigkeit von der Schnittgeschwindigkeit beim Prüfraumversuch [29]

Die rauheste Oberfläche weist der trockene Schnitt auf. Dagegen liegt die Rauheit bei Einsatz von Öl wesentlich niedriger, und bei Verwendung von Emulsion ist sie am geringsten. Es zeigte sich, daß mit steigender Schnittgeschwindigkeit bis v = 7 m/min bei Emulsion eine Verschlechterung der Oberfläche eintritt, wogegen bei Anwendung von Öl die Rauheit über den ganzen Geschwindigkeitsbereich praktisch gleich bleibt. Dabei bewirkt das Öl als Schneidflüssigkeit zwar eine größere Standzeit, da die erforderliche Zugkraft kleiner und der Verschleiß an der Freifläche des Räumzahnes durch erhöhte Schmierwirkung geringer wird, jedoch ist die Oberflächenrauheit größer als beim Räumen mit Emulsion.

DJATSCHENKO [6] macht ebenfalls Angaben über die Oberflächengüte beim Räumen in Abhängigkeit von der Räumnadelform und der Schneidengeometrie und berücksichtigt insbesondere den Einfluß des Werkstoffgefüges auf die Oberflächenbeschaffenheit. In Abbildung 6 sind Quer- und Längsrauheit beim Räumen von Stahl 45 (etwa Stahl C 40) mit verschiedenem Gefüge in Abhängigkeit von der Zahnsteigung aufgetragen. Quer- und Längsrauhigkeit nehmen mit wachsender Zahnsteigung zu, wobei das hier mit Schuppenperlit bezeichnete Gefüge die größte Rauheit aufweist. Dabei sollen

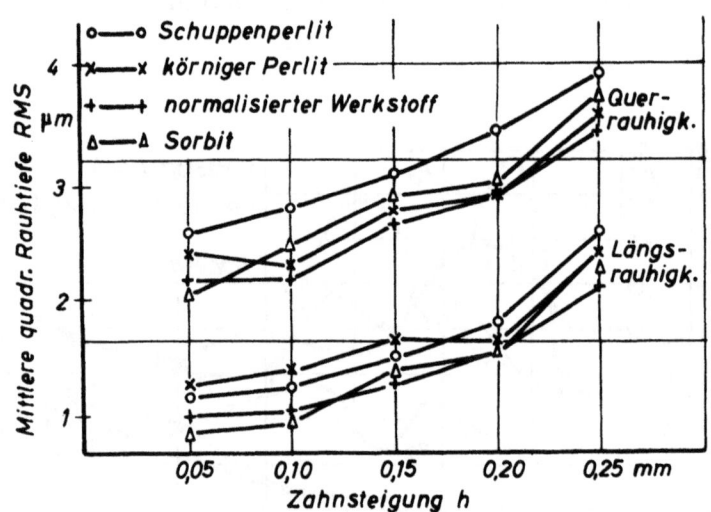

Abbildung 6

Längs- und Querrauhigkeit beim Räumen von Stahl 45 mit verschiedenem Gefüge in Abhängigkeit von der Zahnsteigung [6]

unter Schuppenperlit kleinere Perlitkörner verstanden werden, die von einem Ferritnetz umgeben sind; die Härte beträgt etwa $H_B = 190$ kg/mm$^2$. Sorbitisches Gefüge, körniger Perlit sowie der Stahl im normalisierten Anlieferungszustand ergeben saubere Bearbeitungsflächen. Hier spielt demnach die Ferritverteilung bei der Güte der Oberfläche eine ausschlaggebende Rolle. Einen weiteren Einfluß auf die zu räumende Oberfläche übt die Rauheit bzw. Schartigkeit der Werkzeugschneide aus, wobei sich diese Rauheit mit zunehmender Abstumpfung des Werkzeuges verändert.

Durch Vergleich der Profilaufnahmen der Schneiden und der geräumten Oberflächen konnte festgestellt werden, daß die Rauheit einer Räumnadelschneide der Rauheit der bearbeiteten Oberfläche entspricht, und zwar an jenen Stellen, an denen die Schneide über die Spitzen der auf der bearbeiteten Oberfläche zurückgebliebenen plastischen Werkstoffteilchen der Aufbauschneide (Schuppen) hinweggleitet, diese Spitzen glättet und auf ihnen Spuren hinterläßt. Die Längsrauheit entsteht durch die auf der Oberfläche haftenden Teilchen der Aufbauschneide, über deren Spitzen die Werkzeugschneide hinweggegangen ist. Demgegenüber wird die Querrauheit aus diesen Ansatzinseln sowie die Unebenheiten und Riefen durch das Abreißen der Schneidenansätze und der Schneiden selbst erzeugt.

DJATSCHENKO hat bei einer großen Zahl von Messungen festgestellt, daß die maximale Rauheit sich nach den oben erwähnten Feststellungen aus der Längsrauheit und der Schneidenrauheit zusammensetzt (Abb. 7). Untersuchungen über die Schneidenschartigkeit und die damit zusammenhängende Quer- und Längsrauheit wurden auch von KIENZLE und HEISS [20, 12] durchgeführt. Hier wird die Schartigkeit mit einem Meßspatel auf einem Tast-

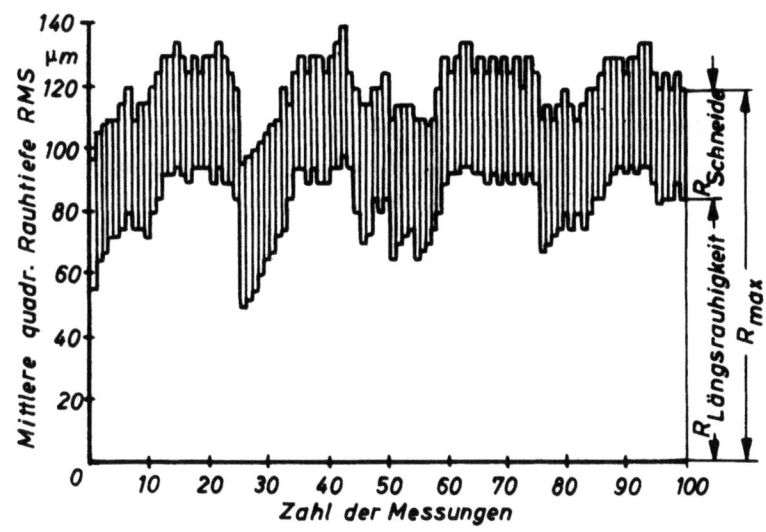

Abbildung 7
Experimentelle Messung der Rauhigkeits-Komponenten
beim Räumen [6]

nadelgerät ermittelt und ihr Einfluß auf die mit der Schneide zu erzielende Oberflächenrauheit dargestellt. Dabei bestehen theoretische Zusammenhänge zwischen der Rauheit der Span- und Freifläche des Werkzeuges und der Schartigkeit der Schneide. KIENZLE weist in seinen Ausführungen über die Oberflächenabtastung außer auf die Querrauheit vor allem auf die Längsrauheit und deren völlig andere Struktur hin, die durch die auf der Oberfläche haftenden Teilchen der Aufbauschneiden bestimmt wird.

Die Bildung der Aufbauschneiden wurde von SCHWERD [56, 57, 58, 59] beim Drehvorgang im Orthogonalprozeß untersucht und durch zahlreiche Filmaufnahmen belegt. Bei diesem Schneidenansatz, wie SCHWERD die Aufbauschneide genannt hat, handelt es sich um einen Staukörper, der sich beim Eindringen

des Werkzeuges in den Werkstoff auı der Werkzeugschneide bildet und aus
dünnen Schichten verformter Kristalle besteht. Die unteren Schichten
liegen flach auf der Spanfläche auf, die folgenden sind mit zunehmender
Höhe konvex nach oben gekrümmt. An der Spitze dieses Schneidenansatzes
erfolgt ein fortgesetztes Aufkleben und Abwandern von Teilchen in Abständen von einigen Zehntelsekunden. Wie SCHWERD feststellte, geht der
Wechsel so vor sich, daß bei langsameren Schnittgeschwindigkeiten zeitweise einzelne, aus mehreren Schichten bestehende "Pakete" abgeschoben
werden, oder daß von Zeit zu Zeit der gesamte Schneidenansatz - vorwiegend bei höheren Geschwindigkeiten - mit dem Span abwandert. Im ersten
Fall können die aus mehreren Schichten bestehenden "Schuppen" entweder
an der Unterseite des Spanes oder an der Oberfläche des Werkstückes
haften bleiben. Abbildung 8 zeigt schematisch das sogenannte "Fluktuieren" der Aufbauschneide. Nach E. SIEBEL [62] ist die Grenzgeschwindigkeit, oberhalb der keine Schneidenansätze mehr auftreten, u.a. vom

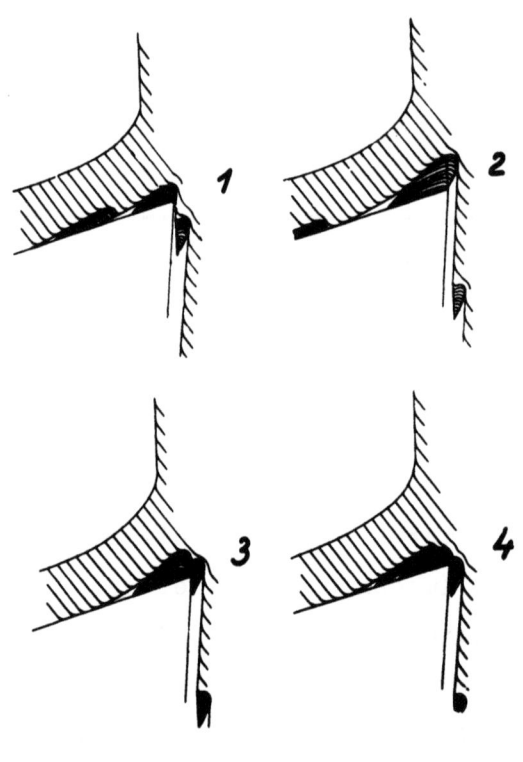

A b b i l d u n g   8
Zu- und Abnahme des Schneidenansatzes [56]

Werkstückwerkstoff und vom Schneidstoff und deren Neigung zum Verschweißen abhängig, dazu von der Oberflächengüte der Spanfläche, von Schnittgeschwindigkeit und Spandicke sowie von der auftretenden Temperatur und der Oberflächenstruktur der Unterseite des ablaufenden Spanes. Es ist jedoch schwierig, alle diese Einflußgrößen im einzelnen zu erfassen.

Zu ähnlichen Aussagen wie SCHWERD über das Entstehen und Fluktuieren der Aufbauschneide kommt auch LOLADSE [32]. Er stellt fest, daß sich die Aufbauschneide aus dem Span bildet und ein Gemenge von an der Spanfläche des Meißels aufgehaltener feiner Spanteile darstellt und sich nicht aus Teilchen zusammensetzt, die durch den Meißel von der Schnittfläche abgeschabt werden. Spanwurzelaufnahmen bestätigen, daß die Fließlinien an der Berührungsstelle der Aufbauschneide mit dem Span ineinander übergehen, so daß keine Grenze zwischen Span und Schneidenansatz möglich ist. Durch Beobachtung der bearbeiteten Oberfläche kann man die Aufeinanderfolge der Aufbauschneiden, welche je nach Spandicke und Schnittgeschwindigkeit 50 Hz übersteigen kann, bestimmen. Außer Schnittgeschwindigkeit und Spandicke übt der Spanwinkel einen starken Einfluß auf die

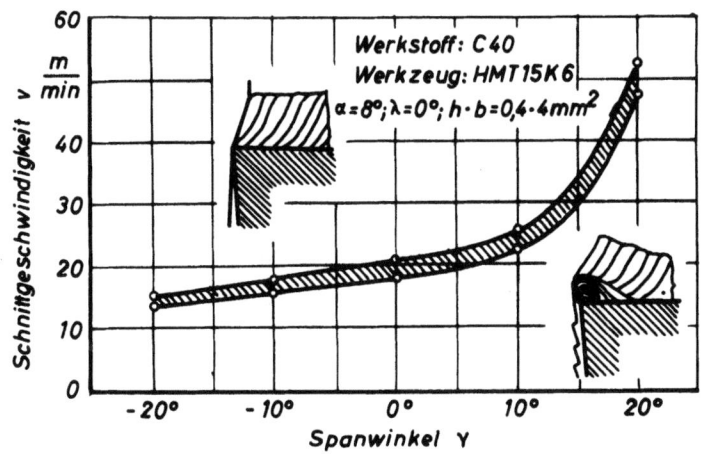

Abbildung 9
Bereich der Bildung von Aufbauschneiden in Abhängigkeit von Schnittgeschwindigkeit und Spanwinkel für freies Zerspanen [32]

Schneidenansatzbildung aus (Abb. 9). Beim Zerspanen mit negativen Spanwinkeln erfolgt das Wegbleiben der Aufbauschneiden bei niedrigen Schnittgeschwindigkeiten als bei positivem Spanwinkel. Gleichzeitig verändert die Aufbauschneide ihre Form. So ist bei positiven Spanwinkeln die Form der Aufbauschneide länglicher als bei negativen Spanwinkeln. Der Schnittwinkel, der durch die Aufbauschneide geschaffen wird, schwankt durch die Fluktuation während der Zerspanung ständig und strebt mit der Vergrößerung der Aufbauschneide einem Winkel von 55 bis 65° zu. Die kritische Schnittgeschwindigkeit, unterhalb der sich Aufbauschneiden bilden, ist demnach sehr stark vom Spanwinkel abhängig. Sie erhöht sich mit Vergrößerung des Spanwinkels.

Entstehen und Abwandern der Aufbauschneide ist nach LOLADSE vor allem von der Temperatur der Schicht an der Innenseite des Spanes abhängig. Die Veränderung der Temperatur kann das Fehlen oder Vorhandensein des Schneidenansatzes bedingen. Für jede Paarung Werkstoff-Schneidstoff entwickelt sich die Aufbauschneide bis zu einer bestimmten Schnittemperatur resp. Schnittgeschwindigkeit, und nach Erreichen derselben bleibt sie aus. Die Anwendung einer Kühlflüssigkeit senkt die Schnittemperatur, weshalb sich die kritische Schnittgeschwindigkeit, unterhalb der sich die Aufbauschneide bildet, zu größeren Werten verschiebt. Grundsätzlich läßt sich kein allgemeingültiger Schnittgeschwindigkeitsbereich festlegen, in dem sich keine Aufbauschneide bildet. Dies ist vielmehr von der Paarung Werkstoff-Schneidstoff und den jeweiligen Schnittbedingungen abhängig. Dabei kann der zu bearbeitende Werkstoff eine hohe Verfestigung und Sprödigkeit annehmen, wenn die Schnittemperatur den Bereich der Blaubrüchigkeit erreicht. In diesem Bereich tritt die intensivste Ausbildung der Aufbauschneide auf.

KOHBLANCK [23] führt ebenfalls eine unterschiedliche Schneidenansatzbildung in Abhängigkeit von der Schnittgeschwindigkeit an. So läßt die Aufbauschneidenbildung sowohl bei sehr niedrigen als auch bei hohen Geschwindigkeiten nach. Kühlung verhindert im unteren Bereich die Bildung der Aufbauschneide, und bei hohen Temperaturen wird diese durch Kühlung begünstigt. In diesen Wechselbeziehungen zwischen Kühlschmieren und Aufbauschneidenbildung liegt auch die einfache Erklärung für die häufig besseren Oberflächen beim Räumen mit Emulsion anstelle von Schneidöl, wobei der Räumnadelverschleiß allerdings größer wird.

Ähnliche Ergebnisse werden von HALL [11] berichtet. Eine intensive Kühlung bei der spanenden Bearbeitung, wie sie besonders bei Verwendung überwiegend wasserhaltiger Kühlschmiermittel auftritt, beeinflußt die durch die Temperatur an der Schnittstelle sich örtlich einstellenden Warmfestigkeitseigenschaften der Spanentstehungszone und der Werkstück-Werkzeug-Kontaktflächen. Da die Festigkeitseigenschaften von Stahl in Abhängigkeit von der Temperatur im Gebiet der Blausprödigkeit (etwa 150 bis 450° C) stark wechselt, kann eine Kühlung je nach der vorliegenden

Werkstofftemperatur festigkeits- bzw. verformungssteigernd oder -vermindernd wirken. Die Kühlung kann somit Werkzeugverschleiß und Oberflächenausbildung sowohl positiv als auch negativ beeinflussen. Auch der meist reibungs- und verschleißmindernde Einfluß der Schmierung zwischen Span und Spanfläche des Werkzeuges und zwischen Werkstückoberfläche und Freifläche des Werkzeuges konnte näher erfaßt werden. So ergab sich bei den dem Räumen entsprechenden Schnittbedingungen bei Verwendung von Ölen mit Hochdruckzusätzen eine Verringerung der Spanstauchung. Bei den herrschenden Kontaktflächentemperaturen konnte daraus auf eine Grenzschmierung geschlossen werden. Im Bereich der maximalen Aufbauschneidenbildung konnte im allgemeinen keine eindeutige Differenzierung der einzelnen Kühlschmiermittel erzielt werden, lediglich die bessere Schmierwirkung eines besonders druckfesten Schneidöles konnte durch eine eindeutige Beeinflussung der Spanstauchung nachgewiesen werden.

Der Einfluß der Kühlung auf die Oberflächengüte ist in Abbildung 10 dargestellt. Beim Einstechdrehen unter Räumbedingungen ergab sich bei Verwendung verschiedener Kühlschmiermittel eine stark differenzierte Rauheit infolge mehr oder weniger stark unterdrückter Aufbauschneidenbildung. Der Beginn der Aufbauschneidenbildung und damit die Vergrößerung

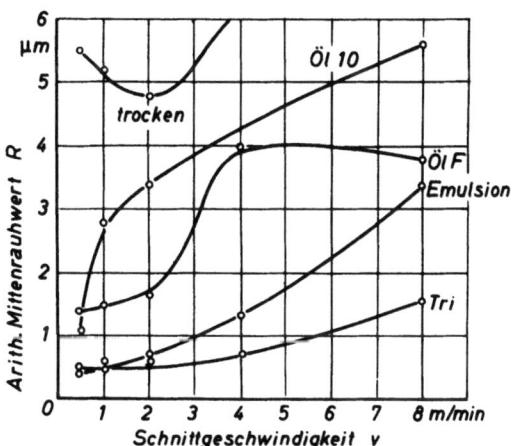

Werkstoff: Ck 35
Werkzeug: SS-E18Co5
Schnittbedingung: a·s = 6·0,04mm²

A b b i l d u n g   10
Beeinflussung der Oberflächengüte beim Einstechdrehen unter
Räumbedingungen durch Kühlschmiermittel [11]

der Oberflächenrauheit wird in der Rangfolge Trockenschnitt, Schneidöl 10, Schneidöl F (chemische Zusätze zur Unterdrückung der Aufbauschneide), Emulsion, Trichloraethylen zu höheren Schnittgeschwindigkeiten hin verschoben. Bei den vorliegenden Zerspanungstemperaturen von ca. 100 bis 200° C entspricht die oben angeführte Rangfolge in der Oberflächengüte der Rangfolge der Kühlfähigkeit der verwendeten Kühlschmiermittel. In diesem Fall wirkte sich eine intensive Kühlung positiv auf die Oberflächenausbildung aus.

Ein von LEYENSETTER [29] angeführtes Ergebnis über eine Betriebsuntersuchung in einem Fertigungsbetrieb der Automobil-Industrie gibt recht aufschlußreiche Angaben über die durch Räumen erzeugten Profilarten sowie über die Häufigkeit der zu räumenden Werkstückmaterialien einschließlich ihrer Wärmebehandlungen und Festigkeiten. So werden von den durch Räumen erzeugten Profilarten an

| | | | |
|---|---|---|---|
| Bohrungen | 31,0 % | ebenen Flächen (Nuten) | 12,5 % |
| Keilprofilen | 25,0 % | Kerbverzahnungen | 10,0 % |
| Modulprofilen | 12,5 % | Sonderprofilen | 9,0 % |

hergestellt. Diese Übersicht zeigt, daß die Operationen zur Feinbearbeitung, wie z.B. Reiben und Innenschleifen, in sehr starkem Maße durch Innenräumen ersetzt werden können. Dabei ist die Leistungsfähigkeit des Räumens von Formlöchern und Nuten wesentlich höher als bei der Verwendung von Reibahlen, Fräsern, Stoß- und Hobelmeißeln. Die Güte der zu räumenden Oberflächen erreicht Güteklassen, die in den Bereich der Feinbearbeitung gehören.

Die Übersicht in Abbildung 11 zeigt, daß der Einsatzstahl 20 MnCr 5 in der Rangfolge der Häufigkeit der zu räumenden Werkstoffe an erster Stelle steht. Insgesamt beträgt der Anteil der Einsatzstähle etwa 55 %, während die Vergütungsstähle nur mit etwa 25 % Verwendung finden. Werkstoffe mit Festigkeiten zwischen 65 und 80 kg/mm$^2$ in normalgeglühtem Zustand werden gegenüber denen mit Festigkeiten zwischen 50 und 65 kg/mm$^2$ bevorzugt. Da die Räumoperationen vielfach als eine der letzten Bearbeitungsstufen eines Werkstückes erfolgt, ist der Anteil der im vergüteten Zustand bearbeiteten Teile ebenfalls recht hoch.

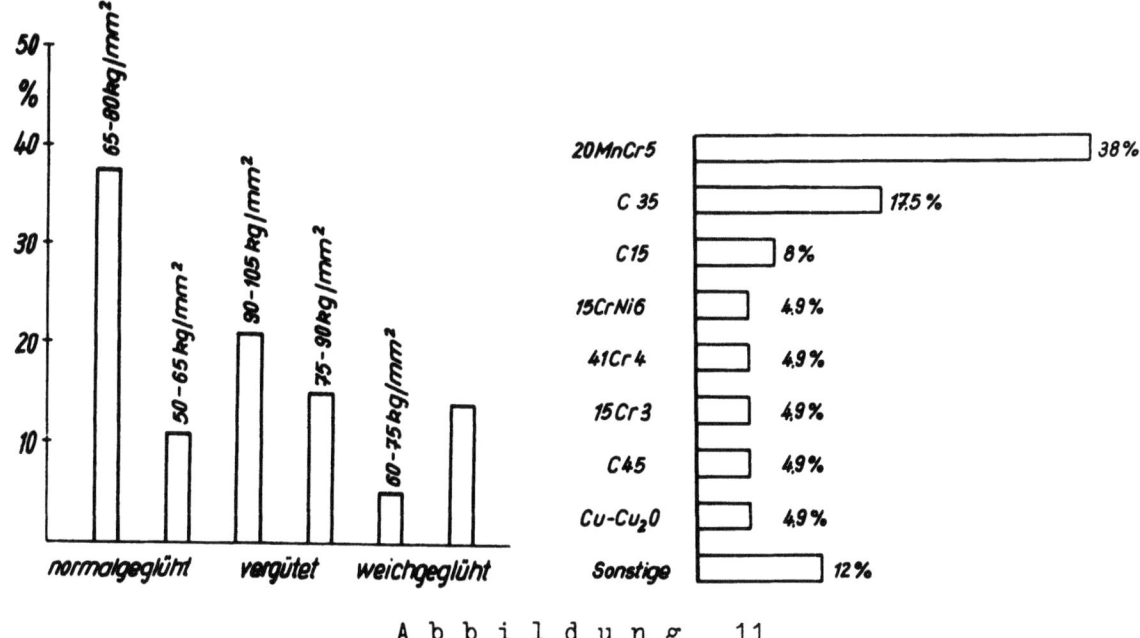

Abbildung 11

Häufigkeit der zu räumenden Werkstückmaterialien und der
Wärmebehandlung der Werkstücke vor dem Räumen [29]

## 2. Abgrenzung des Versuchsbereiches, Meßgrößen und Meßverfahren

Für die Untersuchungen über den Räumvorgang wurden als einfachste Verfahren das Einzahn- und Außenräumen bei der Bearbeitung ebener Flächen sowie das Einstechdrehen mit gerader Schneide gewählt. Demgegenüber wurden die Innenräumversuche bei der Bearbeitung eines Vierkantes (18,88° mm, über Eck 25,97 mm) an einem Automobil-Traghebel unter Betriebsbedingungen durchgeführt.

Da beim Räumvorgang die einzelne Schneide nur jeweils kurzzeitig entsprechend der Einzelräumlänge im Schnitt ist, ergeben sich Schnittunterbrechungen, die beim Einstechdrehen durch eine genutete Welle verwirklicht wurden. Parallel zum Einstechdrehen wurden Einzahnräumversuche auf der Räummaschine in der Weise durchgeführt, daß das Werkstück an dem sich bewegenden Räumschlitten und das Werkzeug auf der Aufspannplatte befestigt wurden. Dabei war das Werkstück so beschaffen, daß sich über seine Länge Schnittunterbrechungen und verschiedene Einzelräumlängen ergaben.

Die Versuche beim Außenräumen wurden an Vierkantstählen mit einer Kantenlänge von 28 mm durchgeführt, wobei die Werkstoffzufuhr durch Zustellen des Supportes von Hand oder durch eine auf dem Konsol der Maschine aufgespannte Sondervorrichtung vorgenommen wurde, wodurch eine vollautomatische Arbeitsweise ermöglicht wurde. Die Werkstoffstange wird gegen einen Anschlag vorgeschoben, der unterhalb des Räumwerkzeuges angeordnet ist. Zu Beginn des Arbeitshubes wird die Werkstoffstange automatisch festgespannt, bei Ende des Arbeitshubes entspannt und beim Rücklauf des Werkzeugschlittens automatisch vom Werkzeug freigesetzt. Für die Innenräumversuche wurden die vorher gebohrten Traghebel in einer entsprechenden Vorrichtung aufgenommen.

## 2.1 Versuchswerkstoff und Versuchsbereich

Für die Untersuchungen wurden ein Einsatzstahl 16 MnCr 5 und ein Vergütungsstahl C 45 bzw. Ck 45 gewählt, da diese Stähle vornehmlich durch Räumen bearbeitet werden. Ferner wurden ein hochwarmfester Werkstoff, der vielfach für die Herstellung von Turbinenschaufeln verwendet wird sowie Messing Ms 58 beim Einzahn- und Außenräumen untersucht. Die chemische Analyse sowie die Festigkeitswerte und Angaben über die Gefügezustände sind in Tabelle 1 zusammengestellt.

Die Untersuchungen umfaßten sowohl bei den eigentlichen Räumversuchen als auch bei den analogen Einzahnversuchen den Bereich der beim Räumen üblichen Spandicken bzw. Zahnsteigungen und Schnittgeschwindigkeiten. Lediglich beim Einstechdrehen wurde der Bereich bis zu v = 30 m/min erweitert, um den Anschluß an die Untersuchungen beim Drehvorgang zu erhalten. Einen Überblick über die angewendeten Schnittbedingungen gibt Tabelle 2. Neben den für Räumwerkzeuge gebräuchlichen Schnellarbeitsstählen wurden beim Einzahnräumen auch Werkzeuge mit gegossenen (Stellit) und gesinterten Hartmetallauflagen eingesetzt, um zu untersuchen, ob ein Einsatz dieser verschleißfesteren Schneidstoffe beim Räumen sinnvoll erscheint.

Die Dreh-, Einzahn- und Außenräumversuche wurden zur Ermittlung der Oberflächenrauheit und Schnittkräfte bei den Hauptversuchsreihen im Trockenschnitt durchgeführt. Daneben wurden weitere Untersuchungen bei Verwendung handelsüblicher Schneidöle und Schneidölemulsionen und Einzelversuche auch mit Tetrachlorkohlenstoff vorgenommen. Demgegenüber wurde für die Außenräumbearbeitung des hochwarmfesten Turbinenschaufelwerkstoffes ein schwefel-chloriertes Schneidöl mit Hochdruckzusätzen und guten Schmiereigenschaften verwendet. Bei der Innenräumbearbeitung des Vierkantes wurde die oben angeführte Schneidöl-Emulsion im Verhältnis Schneidöl zu Wasser von 1 : 15 eingesetzt.

## Tabelle 1

Chemische Zusammensetzung, Festigkeitswerte und Gefügeausbildung der Versuchswerkstoffe

| Versuchs-werkstoff | Analysen (Angaben in %) | | | | | | | | | |
|---|---|---|---|---|---|---|---|---|---|---|
| | C | Si | Mn | P | S | Cr | Ni | Co | Ti | Cu |
| 16MnCr5N | 0,16 | 0,23 | 1,11 | 0,015 | 0,005 | 1,0 | - | - | - | - |
| 16MnCr5N | 0,13 | 0,27 | 0,94 | 0,023 | 0,011 | 0,91 | - | - | - | - |
| C 45 | 0,42 | 0,30 | 0,61 | 0,022 | 0,024 | - | - | - | - | 0,08 |
| Ck45 | 0,47 | 0,26 | 0,69 | 0,033 | 0,016 | - | - | - | - | - |
| Ck45 V | 0,44 | 0,29 | 0,69 | 0,022 | 0,029 | - | - | - | - | - |
| Hochwarmfester Werkstoff | 0,1 | 1,5 | 1,0 | - | Fe5,0 | 20,0 | 50,0 | 20,0 | 2,5 | 1,0 AL |
| Messing Ms 58 | - | - | - | Sn 0,13 | Fe 0,23 | - | 0,07 | Pb 2,92 | Zn Rest | 57,75 |

| Versuchswerkstoff | Festigkeitswerte (kg/mm²) $\sigma_B$ | $H_v$ | Gefügeausbildung | untersucht beim |
|---|---|---|---|---|
| 16 Mn Cr 5 N | 54 | 159 | ferritisch-perlitisch, starke Zeilenbildung in Walzrichtung | Einstechdrehen |
| 16 Mn Cr 5 N | 53 | 156 | ferritisch-perlitisch | Einzahnräumen Außenräumen |
| C 45 | 72-75 | 215 | ferritisch-sorbitisch | Einzahnräumen Außenräumen |
| Ck 45 | 63 | 185 | ferritisch-perlitisch mit Ferritzeilen | Einstechdrehen, Innenräumen |
| Ck 45 V | 83-85 | 240 | Vergütungsgefüge | Innenräumen |
| Hochwarmfester Werkstoff | 110 | 330 | Austenit mit Zwillingsstreifen | Außenräumen |
| Messing Ms 58 | 45-47 | 134 | zeilig in Preßrichtung | Einzahnräumen Außenräumen |

<u>Tabelle   2</u>

Untersuchte Schnittbedingungen bei den einzelnen Verfahren

| Schnittbe-dingungen | Einstech-drehen | Einzahnräumen Außenräumen | Langzeit-versuche Außenräumen | Innen-räumen |
|---|---|---|---|---|
| Spandicke h [mm] | 0,01 bis 0,125 | 0,02 bis 0,125 | 0,02; 0,05 | 0,033; 0,05; 0,066 |
| Schnittge-schwindig-keit v (m/min) | 1 bis 30 | 0,5 bis 9 | 4; 9 | 1 bis 9 |
| Spanbreite b [mm] | 9; 12 | 9; 12; 16; 28 | 28 | - |
| Schneid-stoff | SS-DMo 5 SS-EV4Co | SS-DMo5 SS-EV4Co Stellit HM-M40 | SS-DMo5 SS-EV4Co SS-B18 SS-BMo9 | SS-DMo5 |
| Kühl-schmier-mittel | Trocken-schnitt Emulsion | Trocken-schnitt Emulsion Schneidöl, $CCl_4$ | Schneidöl | Emulsion |

## 2.2 Versuchswerkzeuge und -maschinen

Für die analogen Einzahnräum- und Einstechdrehversuche wurden Einstech-meißel nach Abbildung 12a verwendet. Die Werkzeugwinkel für die Haupt-versuche der Oberflächen- und Schnittkraftuntersuchungen wurden in An-lehnung an die praktisch gebräuchlichen Winkel wie folgt gewählt:

Freiwinkel $\alpha = 2°$    Neigungswinkel $\lambda = 0°$
Nebenfreiwinkel $\alpha = 1°$    Hinterschliffwinkel $\varepsilon' = 1°$
Keilwinkel $\beta = 73°$    Einstellwinkel $\varkappa = 0°$.
Spanwinkel $\gamma = 15°$

Darüber hinaus wurden bei verschiedenen Versuchsreihen Frei-, Span- und Neigungswinkel in bestimmten Bereichen verändert (Tabelle 3).

Alle Einstechwerkzeuge wurden nach dem Vorschleifen mit Siliziumkar-bid-Scheiben mit einer federnden metallgebundenen Diamantscheibe, Kör-nung 25 µm, feingeschliffen. Nach dem Anschliff der Werkzeuge betrug die Schneidkantenabrundung etwa 3 bis 5 µm.

## Tabelle 3

Schneidengeometrie für die Versuchsreihen der
einzelnen Zerspanverfahren

| Werkzeug-winkel | Einstech-drehen | Einzahnräumen Außenräumen | Langzeit-versuche Außenräumen | Innen-räumen |
|---|---|---|---|---|
| Freiwinkel | 0,5° bis 10° | 0,5° bis 10° | 6° und 10° | 2° |
| Spanwinkel | -30° bis +30° | -30° bis +30° | 15° und 20° | 10° |
| Neigungs-winkel | 0° | 0° bis 30° | 0° | 0° |

Für die Außenräumversuche an ebenen Flächen wurden Schrupp- und Schlicht-werkzeuge aus Schnellarbeitsstahl eingesetzt. Die Zahnform und Ausbildung der Zahnlücke ist in Abbildung 12b wiedergegeben. Bei den Werkzeugen für die Langzeitversuche beim Außenräumen betrugen die Zahnteilungen für jeweils eine Gruppe von 3 Zähnen für das Schruppwerkzeug t = 11, 12 und 13 mm und für das Schlichtwerkzeug t = 8,5, 9 und 9,5 mm, d.h. die mittlere Zahnteilung betrug 12 bzw. 9 mm. Bei den übrigen Versuchen wurde die Zahnteilung einheitlich zu t = 12 mm gewählt.

Beim Innenräumen des Vierkants (18,88 mm, über Eck 25,97 mm) wurde eine entsprechende Räumnadel mit Schneid- und Kalibrierzähnen verwendet. Frei- und Spanwinkel betrugen $\alpha = 2°$ und $\gamma = 10°$, die Zahnteilung einheitlich t = 12 mm. In Abbildung 12c ist in einem Viertel des zu räumenden Vierkants das vereinfachte Zerspanungsschema dargestellt, aus welchem die Aufeinanderfolge der abzunehmenden Spanquerschnitte für den Schrupp-, Schlicht- und Kalibrierteil zu entnehmen ist.

Die Versuche wurden auf folgenden Maschinen durchgeführt:

a) für Einstechdrehversuche

Leit- und Zugspindeldrehbank, Type S 400 (VDF-Gebr. Boehringer, Göppingen/Württ.), Antriebsleistung N = 16,2 kW. Die Maschine wird mit einem im Bereich 1:3 regelbaren Gleichstrom-Nebenschlußmotor über Flachriemen angetrieben,

a) *Einzahnversuche beim Einstechdrehen und Räumen*

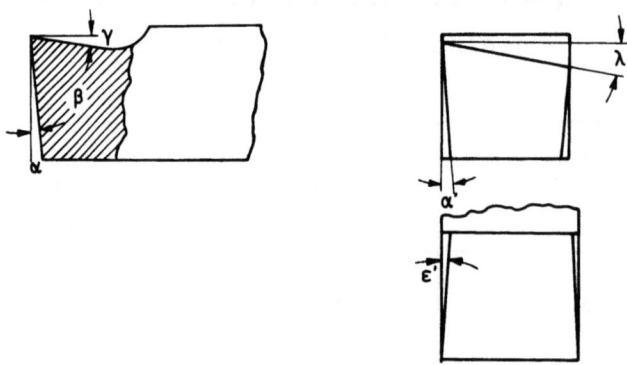

b) *Außenräumwerkzeug*

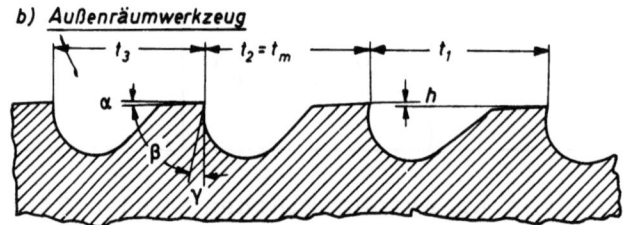

c) *Innenräumwerkzeug (Zerspanungschema)*

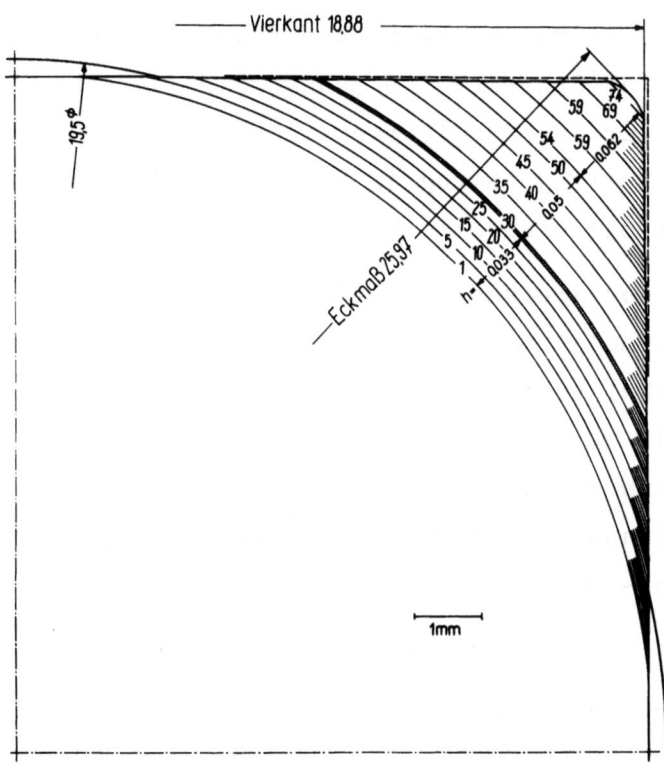

Abbildung 12
Versuchswerkzeug

b) für Einzahn-, Außen- und Innenräumversuche

Senkrecht-Innen- und Außenräummaschine, Type Ria 5 (Oswald Forst GmbH, Solingen), maximale Zugkraft $P_z$ = 5 t, einstellbare Schnittgeschwindigkeit v = 0,5 bis 9 m/min, Antriebsleistung der Enor-Pumpe N = 5,5 kW. Die Maschine wurde auf automatischen Betrieb (elektro-hydraulisch) umgebaut, wobei die Anzahl der Arbeitshübe durch ein Zählwerk registriert wurde.

## 2.3 Meßgrößen und Meßverfahren

Der Verschleiß auf der Freifläche wurde auf einem Werkstattmikroskop (Zeiss) bei 25facher Vergrößerung unter schräg auffallendem Licht gemessen.

Die Messung der Schneidkantenabrundung erfolgte nach zwei verschiedenen Methoden. Zunächst wurden Abdrücke der Schneidkanten in Bolzen aus Elektrolyt-Kupfer angefertigt, nachdem die anhaftenden Schneidenansätze vorher vorsichtig entfernt wurden. Die Auswertung der Abdrücke erfolgte auf einem Zeiss-Néophot, bei welchem der Eindruck der Schneidkante so auf die Mattscheibe projiziert wurde, daß er mit Hilfe einer Radienschablone gemessen werden konnte. In Abbildung 13 sind die Abdrücke eines frisch geschliffenen und eines abgestumpften Meißels wiedergegeben. Bei der zweiten Methode wurde die Schneide entsprechend dem Schema in Abbildung 14a auf dem Leitz-Forster-Gerät bei 1000facher Höhen- und Seitenvergrößerung abgetastet. Das auf dem Film unverzerrt wiedergegebene Profil (Abb. 14b) setzt sich additiv aus dem Meißelradius und dem Spitzenradius der Tastnadel $\varrho_N$ zusammen. Die Abweichung des gemessenen Radius $\varrho_{gem}$ vom tatsächlichen Schneidkantenabrundungsradius $\varrho$ ergibt sich, indem man den Abrundungsradius $\varrho_N$ der Tastnadelspitze vom aufgezeichneten Profilradius $\varrho_{gem}$ abzieht. Die Bestimmung des Nadelradius $\varrho_N$ geschah durch Projektion bei 125facher Vergrößerung. Zwischen beiden Meßverfahren konnte eine sehr gute Übereinstimmung erzielt werden. Die Schneidenschartigkeit wurde mit einem Saphir-Meßspatel entsprechend der von HEISS [12] angegebenen Methode ermittelt. Der Spitzenradius des Spatels war mit 10 µm angegeben, die Spatelbreite betrug 0,25 mm.

Schnittkraftmessungen wurden sowohl beim Einstechdrehen als auch beim Einzahn- und Außenräumen durchgeführt. Hierfür wurde ein im Institut entwickelter Dreikomponenten-Schnittkraftmesser verschiedener Baugrößen verwendet, bei dem alle drei Kraftkomponenten - Hauptschnittkraft $P_1$,

Rückkraft $P_2$, Vorschubkraft bzw. Seitenkraft $P_3$ - von Membranen als Verformungskörper aufgenommen werden, deren Durchbiegung mit induktiven Meßelementen gemessen werden [44].

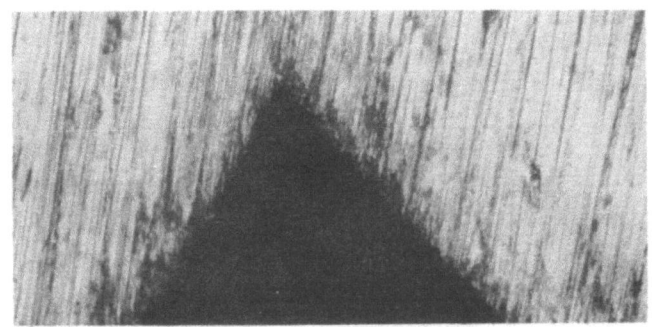

**Geschliffenes Werkzeug:** $\varrho$ = 3-5 µm

**Abgestumpftes Werkzeug:** $\varrho$ = 30 µm

A b b i l d u n g   13
Abdrücke der Schneidkanten eines frisch geschliffenen
und eines abgestumpften Werkzeuges

Während die Einspannung des Schnittkraftmeißels beim Einstechdrehen und Einzahnräumen in der üblichen Weise vorgenommen wurde, mußten die Verhältnisse beim Außenräumen umgekehrt werden. Das Werkstück wurde in den Meßstahlhalter eingespannt und wurde durch das im Werkzeugschlitten der Räummaschine eingesetzte Außenräumwerkzeug bearbeitet. Der Verlauf der Schnittkraft wurde über Meßbrücke und Verstärker auf einem Oszilloscript aufgezeichnet (Abb. 15a).

Bei betrieblichen Räumversuchen geschieht die Messung der Hauptschnittkraft durch Manometerablesung, d.h. es wird der Kolbendruck bzw. die gesamte Zugkraft gemessen. In gleicher Weise wurden die Messungen beim Außen- und Innenräumen vorgenommen, wobei der Verlauf der Zugkraft über dem Räumhub von einem Druckaufnehmer am Zylinder aufgezeichnet wurde.

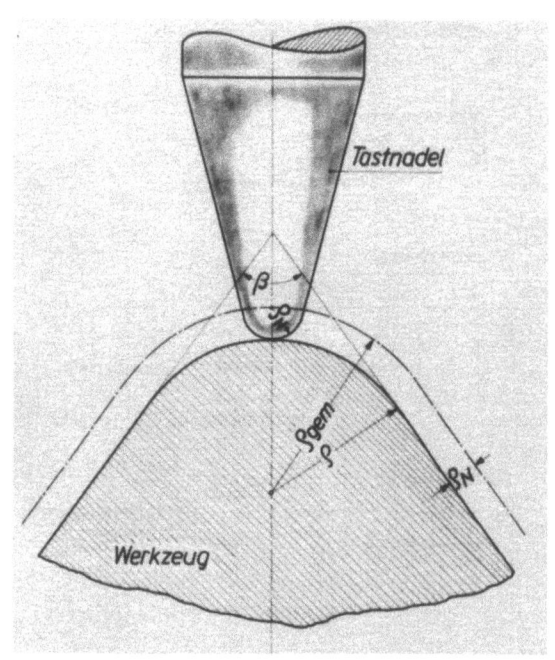

**A b b i l d u n g   14a**
Abtastvorgang der Werkzeugschneidkante auf dem
LEITZ-FORSTER-Tastnadelgerät

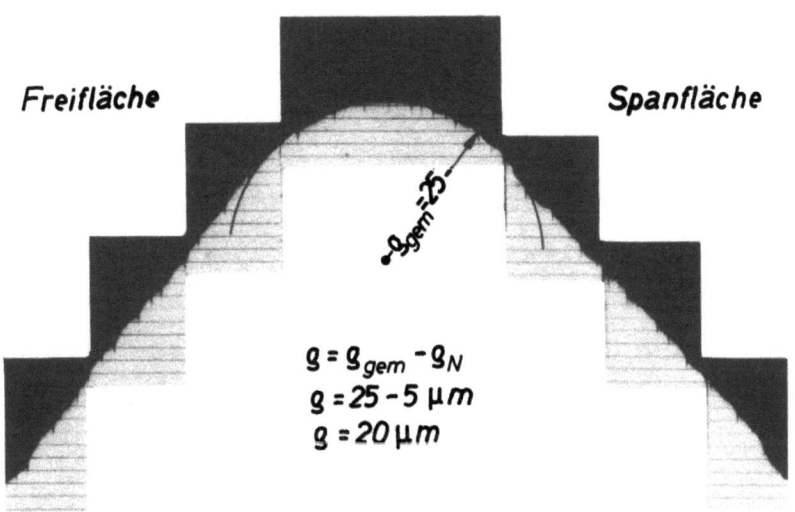

**A b b i l d u n g   14b**
Profil der Schneidkante eines abgestumpften Werkzeuges

Zur Ermittlung der Spanstauchung wurde sowohl die Längen- als auch die Dickenstauchung bestimmt. Dabei wurde das Verhältnis Ausgangs-Länge $l_o$ des Spanes zu der tatsächlichen Länge l gebildet und so die Spanstauchung $\lambda_l = l_o/l$ ermittelt. Andererseits wurden Querschliffe von den

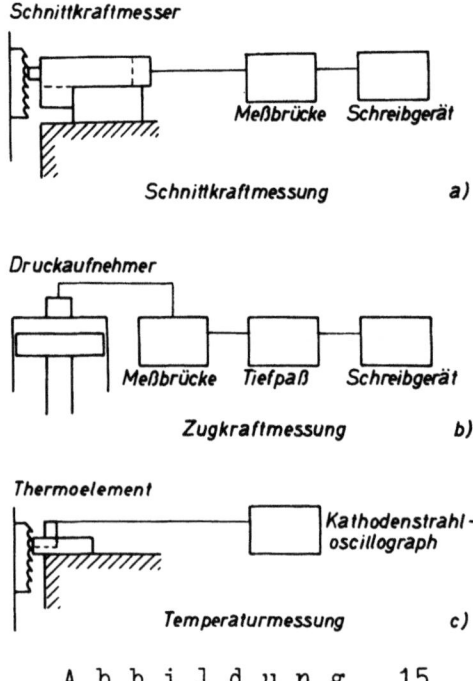

Abbildung 15

Schaltschema zur Registrierung der Schnitt- und Zugkraft
und des Temperaturverlaufes beim Räumen

Spänen angefertigt und die Stauchung aus der Flächenvergrößerung gegenüber dem Querschnitt des unverformten Spanes errechnet. Des weiteren wurde zur Bestimmung der Dickenstauchung die nach dem Verformungsvorgang vorliegende tatsächliche Spandicke $h_2$ gemessen.

Die Dickenstauchung ergibt sich dann aus $\lambda_d = h_2/h_1$.

Darüber hinaus wurden z.T. metallografische Untersuchungen der erzeugten Oberflächen und der Späne sowie Spanwurzeluntersuchungen zur Klärung der Aufbauschneidenbildung durchgeführt. In diesem Zusammenhang schlossen sich Messungen zur Bestimmung der beim Räumvorgang auftretenden Schnitttemperaturen an.

Für die Ermittlung der Schnittemperatur beim Räumvorgang in Abhängigkeit der gebräuchlichen Schnittbedingungen wurde zunächst ein Ni-CrNi-Thermoelement nach der von KÜSTERS [26] entwickelten Art in das Werkzeug eingebracht. Da es jedoch äußerst schwierig ist, das Thermoelement bis an die Meißelspitze zu bringen und die zugestellten Spandicken sich nur in Bereichen zwischen h = 0,02 und 0,125 mm bewegen, konnten mit dieser Methode keine befriedigenden Ergebnisse erzielt werden, zumal die Wärmeverluste bei der Größe der Werkzeuge und den an sich niedrigen Temperaturen anscheinend zu groß waren. Daher wurde nach dem von

PEKLENIK [43] beim Schleifen verwendeten Verfahren gearbeitet. Hierzu wurde in eine Bohrung von 0,3 mm ⌀ ein isolierter Platindraht mit einer Stärke von 0,2 mm ⌀ in das Werkstück eingebracht. Beim Zerspanen werden Werkstoff und Platindraht gleichzeitig durchgetrennt, und es bildet sich so ein Thermoelement. Der Temperaturverlauf wurde auf einem Kathodenstrahloszillographen registriert und fotografisch festgehalten (Abb. 15c).

### 3. Vorversuche zur Ermittlung geeigneter Versuchsbedingungen

Im Vergleich zu Werkzeugen für die Drehbearbeitung zeichnen sich Räumwerkzeuge durch ihre besondere Zahnform aus. Die gerundete Spankammer (Zahnlücke) soll den Span formen und ihn aufnehmen, wobei die Größe dieser Spankammer von den verwendeten Schnittbedingungen abhängig ist. Da diese Zahnform schwierig herzustellen ist, sollte zunächst einmal untersucht werden, inwieweit die Spankammer und damit die Zahnform das Arbeitsergebnis beeinflußt, oder ob man durch Verwendung eines einfachen Werkzeuges den Versuchsaufwand reduzieren kann. Aus diesem Grunde wurden beim Einzahnräumen drei verschiedene Zahnformen untersucht (Abb. 16). Werkzeug 1 besitzt die übliche Spankammer, die bei Werkzeug 2

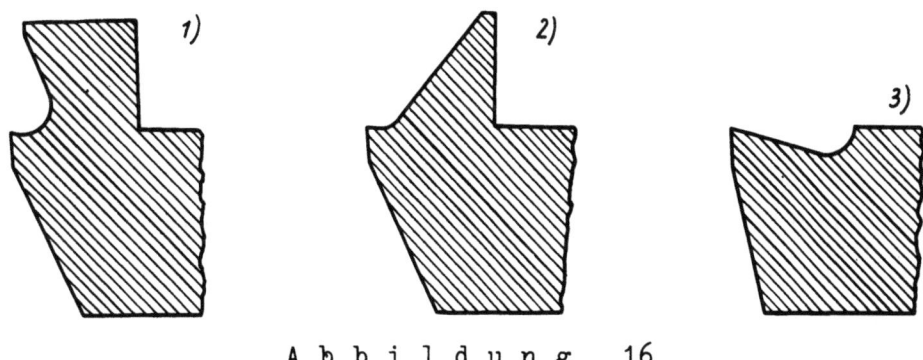

A b b i l d u n g   16
Versuchswerkzeuge mit unterschiedlicher Ausbildung
der Spankammer und Spanfläche

fortgefallen ist. Durch den schräg ansteigenden Rücken wird lediglich der Span umgelenkt, jedoch nicht mehr so stark gerollt. Als drittes Werkzeug wurde außerdem ein normales Einstech-Werkzeug verwendet [3].

Zur Entscheidung über das für die analogen Versuche am besten geeignete Werkzeug wurden sowohl Schnittkraft- und Spanstauchungsmessungen als auch Oberflächenrauheitsmessungen durchgeführt. In Abbildung 17 werden

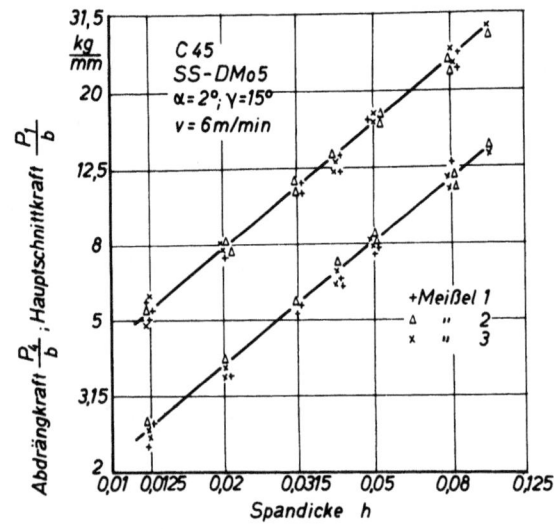

Abbildung 17

Schnittkräfte bei unterschiedlicher Werkzeugform

die Hauptschnittkraft $P_1$ und die Abdrängkraft $P_4$, bezogen auf eine Spanbreite von 1 mm beim Einzahnräumen in Abhängigkeit von der Spandicke (Zahnsteigung) für die drei Versuchswerkzeuge wiedergegeben.

Die Hauptschnittkraft $P_1$ ist dabei die Schnittkraft in Schnittrichtung, während die Abdrängkraft $P_4$ senkrecht zur Schnittrichtung und senkrecht zur Schneide steht. Trotz der unterschiedlichen Ausbildung des Versuchswerkzeuges traten praktisch keine Unterschiede für Hauptschnitt- und Abdrängkraft auf. Für die Spanstauchung ergaben sich ebenfalls nur sehr geringe Unterschiede, wobei die Spanstauchung beim Werkzeug mit Spankammer geringfügig größer war. Auch ein Einfluß der Zahnform auf die Ausbildung der Oberfläche konnte nicht festgestellt werden (Abb. 18). Hierbei sind die aus zahlreichen Meßpunkten errechneten Mittelwerte in Abhängigkeit von der Zahnsteigung aufgetragen. Bei Werkzeug 1 muß selbstverständlich das Fassungsvermögen der Spankammer berücksichtigt werden, da sonst ein Werkzeugbruch auftreten kann.

Da bei diesen Vorversuchen keine Unterschiede in der Schnittkraft, Spanstauchung und Oberflächenrauheit auftraten, wurde für sämtliche folgenden Einstechdreh- und Einzahnräumversuche die Meißelform 3 verwendet.

Weiterhin wurde der Einfluß des Werkzeugzustandes auf die zu erzielende Oberflächengüte ermittelt. Hierzu wurden Versuche mit geschliffenen und feingeschliffenen Werkzeugen durchgeführt. Das geschliffene Werkzeug wurde nur mit einer Siliziumkarbidscheibe bearbeitet, während beim feingeschliffenen Werkzeug Span- und Freifläche anschließend mit einer federnden metallgebundenen Diamantscheibe, Körnung 25 µm, nachbearbeitet wurde. Die mit beiden Werkzeugen beim Einzahnräumen erzielten Oberflächenrauheiten sind in Abbildung 19 in Abhängigkeit von der Schnittgeschwindigkeit aufgetragen. Ein eindeutiger Unterschied zwischen den

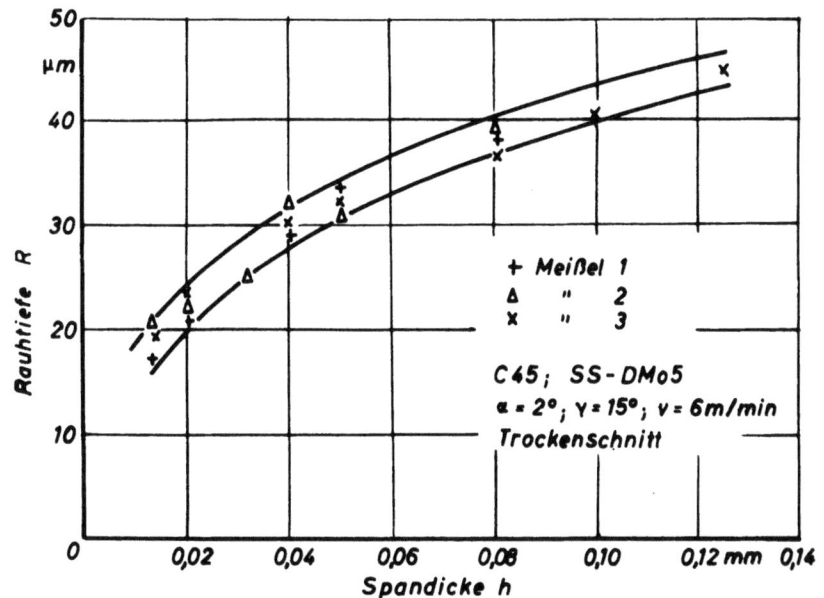

Abbildung 18

Oberflächen-Rauhtiefen bei unterschiedlicher Werkzeugform
in Abhängigkeit von der Spandicke

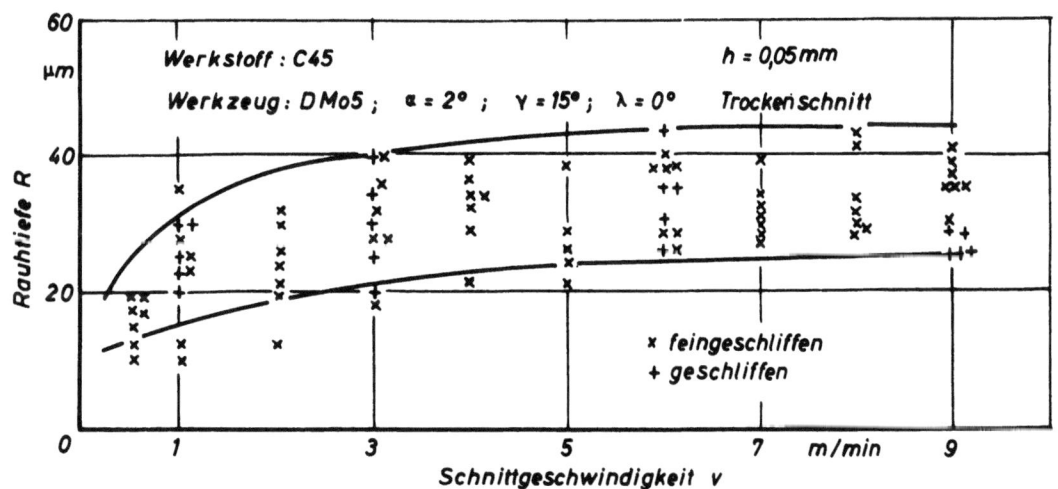

Abbildung 19

Oberflächen-Rauhtiefe bei geschliffenem und
feingeschliffenem Werkzeug

beiden Werkzeugen konnte nicht festgestellt werden. Lediglich beim Räumen von Werkstoffen hoher Festigkeit oder zähharten warmfesten Werkstoffen macht sich u.U. eine zunehmende Riefenbildung in Bearbeitungsrichtung am Werkstück bemerkbar, wenn die nur mit Siliziumkarbidscheiben geschliffenen Werkzeuge eingesetzt werden, da die Schartigkeit der Werkzeugschneide höher liegt als bei den feingeschliffenen Schneiden.

Als weiteres wurde versucht, durch verschiedene Werkzeugbehandlungen, wie Feinschleifen der Freiflächen, Polieren der Spankammern usw. die Oberflächengüte des geräumten Werkstückes zu verbessern. Durch keine dieser Maßnahmen konnte jedoch eine Verbesserung des Arbeitsergebnisses erzielt werden, da der Einfluß der Schneidengüte anscheinend durch die auftretenden Werkstoffverklebungen und Schneidenansatzbildungen bei beiden Anschliffarten überdeckt wird.

## 4. Der Verschleiß am Räumwerkzeug

Durch die Reibung zwischen dem Werkzeug und der Schnittfläche bzw. dem ablaufenden Span tritt am Werkzeug unter der Einwirkung der Schnitttemperaturen in Verbindung mit z.T. hohen spezifischen Flächendrücken ein mehr oder weniger starker Verschleiß auf, der das Arbeitsergebnis beeinflußt und schließlich zum Verlust der Schneidhaltigkeit führen kann.

An der Freifläche bildet sich auch beim Räumwerkzeug etwa gleichmäßig entlang der Hauptschneide eine Verschleißmarke aus (Abb. 20a).

Lediglich an den Spanbrechernuten oder den Kanten des Werkzeuges wird die Verschleißzone vielfach größer, wie dies z.B. auch bei Einstechwerkzeugen auftritt (Abb. 20b). Mit zunehmendem Räumweg wächst diese Abnutzung im allgemeinen an, wobei gleichzeitig eine Verschlechterung der Oberflächengüte und Maßhaltigkeit und ein Ansteigen der Schnittkraft eintritt.

Abbildung 21 zeigt das Ergebnis von Untersuchungen beim Außenräumen von Einsatzstahl 16 MnCr5. Für alle Versuchsreihen ist eine Zunahme des Freiflächenverschleißes mit steigendem Räumweg festzustellen, wobei der Verschleiß an den Schlicht- und Schruppwerkzeugen etwa in gleichen Größenbereichen liegt. Während die Schneidengeometrie bei den Schlichtversuchen (h = 0,02 mm) nur einen unwesentlichen Einfluß auf die Standzeit des Werkzeuges ausübt, ergeben sich bei Schruppbedingungen (h = 0,05 mm) stärkere Unterschiede. Durch Vergrößerung des Freiwinkels von $\alpha = 6°$

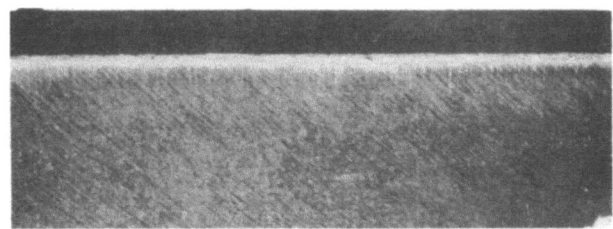

a) Freiflächenverschleiß bei einem Außenräumwerkzeug

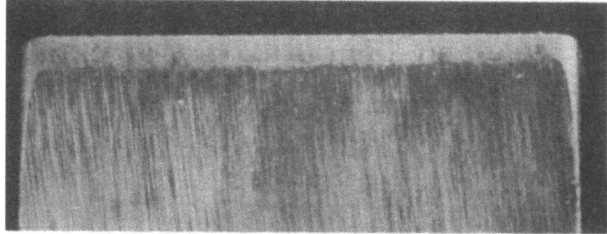

b) Freiflächenverschleiß bei einem Einstechwerkzeug

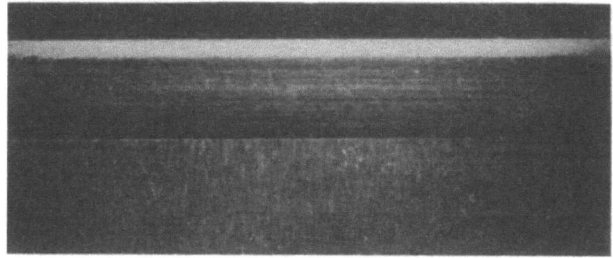

c) Spanflächenverschleiß bei einem Außenräumwerkzeug

A b b i l d u n g   20
Verschleißzonen am Räumwerkzeug

auf $10^o$ bei einem Spanwinkel von $\gamma = 15^o$ nimmt die Verschleißmarkenbreite nach gleichen Räumwegen ab. Ebenso wirkt sich ein größerer Spanwinkel bei einem Freiwinkel von $\alpha = 6^o$ positiv auf das Verschleißverhalten aus; demgegenüber nimmt der Freiflächenverschleiß jedoch bei gleichzeitiger Vergrößerung des Freiwinkels auf $10^o$ wieder zu. Diese Tatsache ist wahrscheinlich darauf zurückzuführen, daß hierbei der Keilwinkel zu stark geschwächt wird. Hier können sich u.U. eine schlechtere Wärmeableitung oder aber Rattererscheinungen des Werkzeuges [47] ungünstig auf den Verschleiß auswirken.

Durch den Verschleiß auf der Freifläche verändert die Schneidkante durch den sogenannten Schneidkantenversatz ihre Ausgangslage. Auf Grund der geometrischen Zusammenhänge läßt sich der Schneidkantenversatz SKV errechnen aus:

$$SKV = B \cdot tg\alpha ,$$

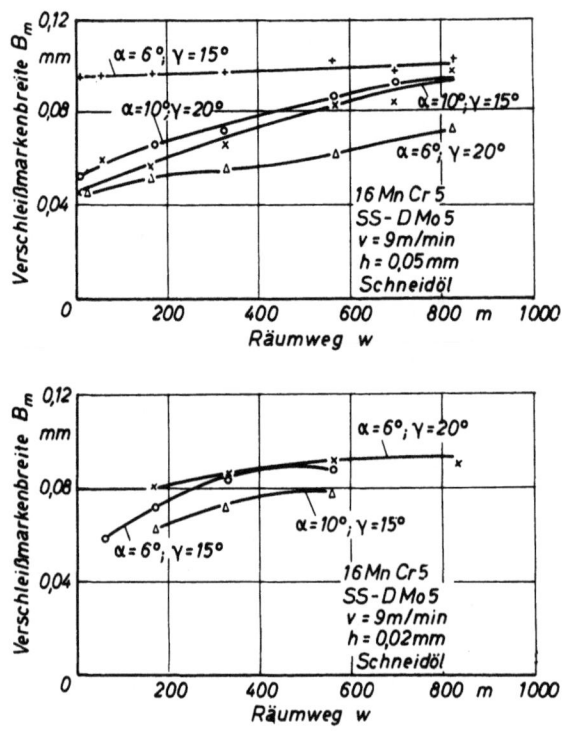

Abbildung 21

Mittlere Verschleißmarkenbreite in Abhängigkeit vom Räumweg beim Außenräumen von Stahl 16 MnCr 5

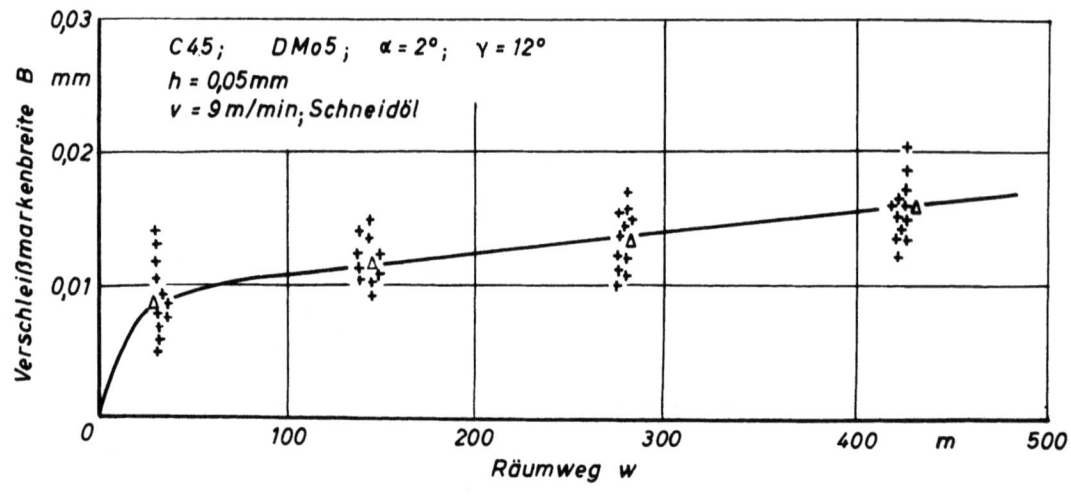

Abbildung 22

Freiflächenverschleiß beim Außenräumen von Stahl C 45

worin B die Verschleißmarkenbreite und $\alpha$ den Freiwinkel darstellen. Das bedeutet, daß mit wachsendem Freiwinkel der Schneidkantenversatz bei konstanter Verschleißmarkenbreite zunimmt. Für einen Freiwinkel von α = 10° beträgt er z.B. das 1 1/2fache des Schneidkantenversatzes bei α = 6°. Da der Schneidkantenversatz praktisch für die Maßtoleranz des Werkstückes, vor allem beim Innenräumen, verantwortlich ist, kann er in vielen Fällen als Kriterium für den Zeitpunkt des Nachschleifens der Räumnadel und damit für die Standzeit des Werkzeuges maßgebend sein.

Bei Außenräumversuchen an Stahl C 45 liegen die Verschleißgrößen insgesamt höher als beim Einsatzstahl 16 MnCr 5, was durch die höhere Festigkeit und den höheren Perlitanteil bedingt ist (Abb. 22).

Noch wesentlich größerer Verschleiß tritt schon nach sehr kleinen Räumwegen beim Räumen des zähharten, hochwarmfesten Werkstoffes auf (Abb. 23). Während bei Stahl 16 MnCr 5 nach einem Räumweg von 840 m Verschleißmarkenbreiten von B = 0,08 bis 0,1 mm vorhanden waren, wurden hierbei

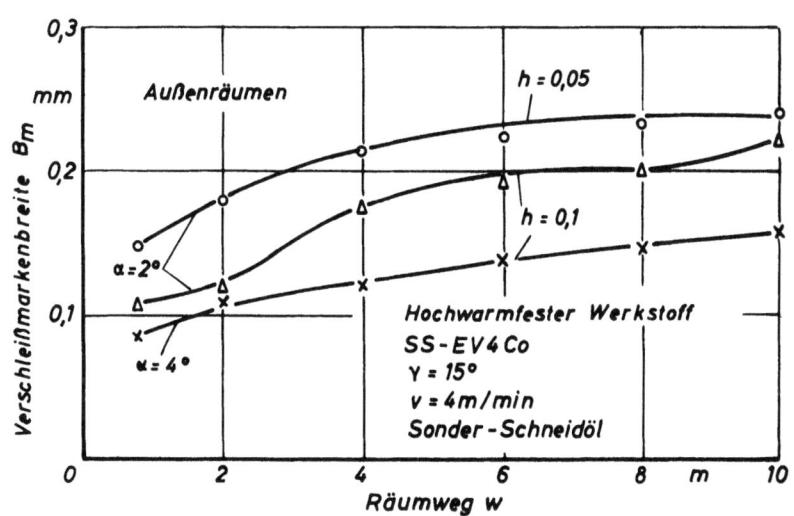

Abbildung 23
Freiflächenverschleiß beim Außenräumen eines hochwarmfesten Werkstoffes

bereits nach 10 m Räumweg Verschleißmarkenbreiten bis zu B = 0,2 mm und mehr gemessen. Der Freiwinkel betrug α = 2°, jedoch wurde für die Bearbeitungsoperation ein Sonder-Schneidöl mit Hochdruckzusätzen verwendet. Durch Vergrößerung des Freiwinkels auf α = 4° konnte der Verschleiß geringfügig herabgesetzt werden. Eine Grenze für die Erhöhung des Freiwinkels ist selbstverständlich durch die dadurch bedingte Schwächung des Schneidkeiles gegeben. Bei Vergleich der Verschleißmarkenbreiten für die Werkzeuge mit den Zahnsteigungen h = 0,05 und 0,1 mm zeigte sich, daß der Verschleiß nicht entsprechend der Zahnsteigung ansteigt; vielmehr ist bei einer Zahnsteigung von h = 0,05 mm der Verschleiß etwas größer. Diese Erscheinung ist darauf zurückzuführen, daß bei einer großen Spandicke eine gute Spanbildung mit einem glatten Abtrennen vorliegt, während bei kleineren Zahnsteigungen an der Schneide ein Abquetschen des Spanes auftritt. Da der Werkstoff stark zur Kaltverfestigung neigt, wird bei zu geringer Spandicke die Oberfläche durch das Drücken des Werkzeuges verfestigt, und der Verschleiß wird erhöht. Dies drückt sich auch in einem Ansteigen der Rückkräfte bei der Bearbeitung dieses Werkstoffes mit kleinen Zahnsteigungen aus. Eine ähnliche Erscheinung tritt beispielsweise an den Kalibrierzähnen von Räumwerkzeugen bei der Bearbeitung von Baustählen auf, da diese nur eine äußerst geringe Zahnsteigung aufweisen, und dementsprechend keine einwandfreie Spanbildung erzielt wird. Der Verschleiß und die Rückkräfte steigen hierbei ebenfalls an.

Aus diesem Grunde werden beim Räumen von hochwarmfesten austenitischen Werkstoffen und Schwermetall-Legierungen im allgemeinen größere Zahnsteigungen von etwa 0,1 bis 0,2 mm bei Schnittgeschwindigkeiten von etwa v = 4 m/min angewendet. Dazu soll nach Angaben von LISTER und KINMAN [31] die Zahnteilung um etwa 25 % größer als bei Kohlenstoff- und niedrig-legierten Stählen gewählt werden, um die Spankammern zur besseren Aufnahme dieser zähharten und verfestigten Späne zu vergrößern.

Neben dem Verschleiß an der Freifläche treten normalerweise auch Verschleißerscheinungen auf der Spanfläche des Werkzeuges auf (Abb. 20c). Dabei bilden sich je nach den verwendeten Schnittbedingungen und der Schneidstoff-Werkstoff-Paarung unterschiedliche Verschleißformen. In Abbildung 24 sind die verschiedenen möglichen Verschleißerscheinungen schematisch dargestellt.

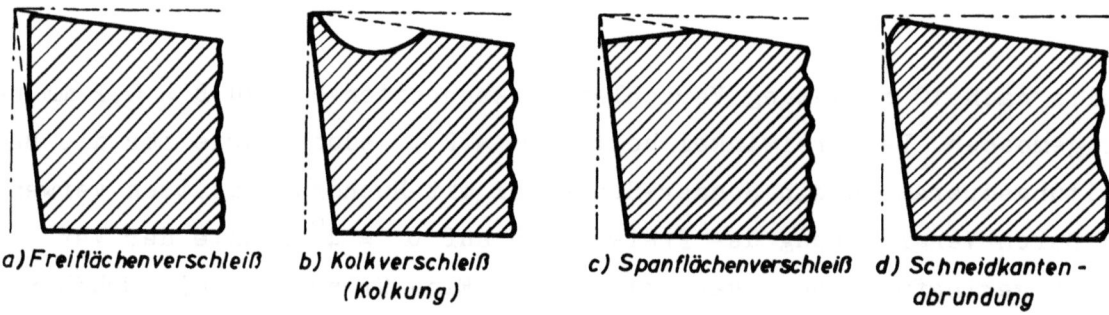

A b b i l d u n g   24
Verschleißformen am Zerspanwerkzeug
(nach SCHALLBROCH - WALLICHS [48])

Während beim Drehen und Fräsen bei höheren Schnittgeschwindigkeiten und größeren Vorschüben vornehmlich Kolkverschleiß auftritt [74, 64] (Abb. 24b), erfolgt bei den beim Räumen üblichen niedrigen Schnittgeschwindigkeiten und kleinen Spandicken vorwiegend ein Spanflächenverschleiß (Abb. 24d). Wie eingangs schon erwähnt, liegt die Schneidkantenabrundung bei den Räumwerkzeugen etwa in der Größenordnung der Spandicke. Es ist deshalb verständlich, daß die Form der verschlissenen Schneidkante einen großen Einfluß auf die erzeugte Oberflächengüte des geräumten Werkstückes ausübt. In Abbildung 25 ist die Veränderung des Schneidenprofils mit wachsendem Schnittweg bei einem Einstechwerkzeug wiedergegeben.

Hierbei wurde das Werkzeug senkrecht zur Schneide nach den entsprechenden Schnittwegen abgetastet (Abb. 25a). Die stärker eingezeichnete Ausgangsform des Meißels macht deutlich, daß die wirkliche Anschliffform schon beträchtlich von dem theoretischen Schneidkeil abweicht. Der

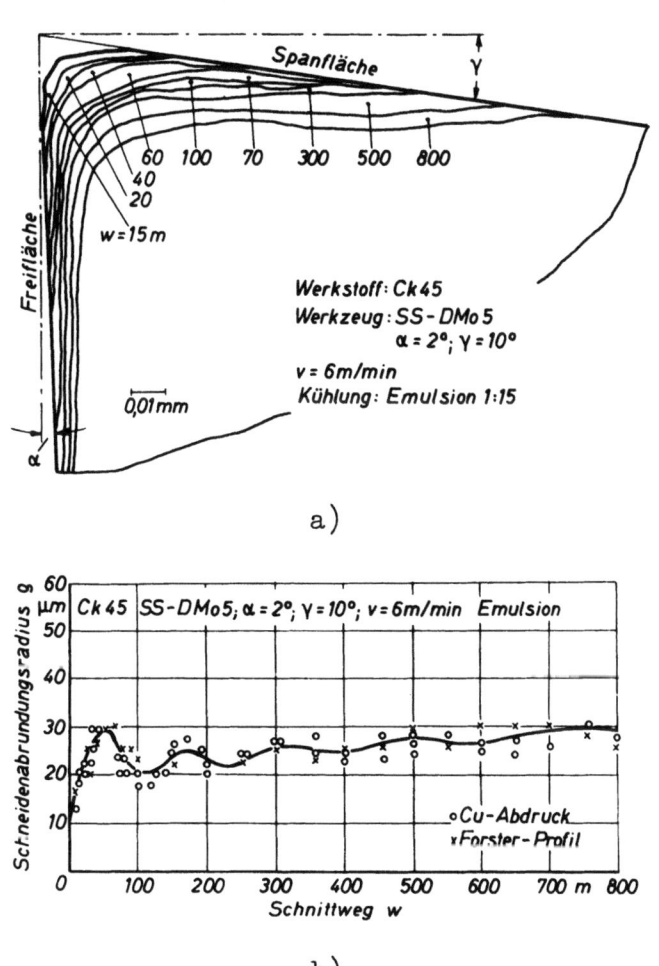

A b b i l d u n g  25
Veränderung des Schneidenprofils mit wachsendem Schnittweg
bei einem Einstech-Werkzeug

Schneidkantenabrundungsradius nach dem Schleifen betrug in diesem Falle etwa $\varrho$ = 5 bis 8 µm. Mit zunehmendem Räumweg wächst die Schneidkantenabrundung an und beträgt nach 60 m Schnittweg etwa 25 bis 30 µm (Abb. 25b). Gleichzeitig erfolgt jedoch auch ein Span- und Freiflächenverschleiß, die ein noch stärkeres Anwachsen der eigentlichen Abrundung verhindern. Ebenso werden der wirksame Frei- und Spanwinkel durch den Verschleiß an den Kontaktflächen verändert. In Abbildung 26 ist der Verlauf der Schneidkantenabrundung für ein Außenräumwerkzeug mit 11 Zähnen bei der Bearbeitung von Stahl 16 MnCr 5 dargestellt. Der Abrundungsradius der Schneidkante ist bei den einzelnen Zähnen unterschiedlich groß, so daß sich ein relativ breites Streuband ergibt, jedoch ist auch hier der anfänglich stärkere Anstieg deutlich zu erkennen. Nach einem Räumweg von etwa 100 m steigt die Schneidenabrundung nur noch geringfügig an.

Die vorliegenden Ergebnisse zeigen, daß der Verschleiß der Räumwerkzeuge keiner strengen Gesetzmäßigkeit folgt, so daß es praktisch nicht möglich ist, auf Grund einer bestimmten Verschleißgröße die Grenze der Schneidfähigkeit der Räumnadel anzugeben. Der Verschleiß und die Schneidkantenabrundung, die sich mit wachsendem Räumweg einstellen, müssen vielmehr in Verbindung mit der erzielbaren Oberflächengüte des Werk-

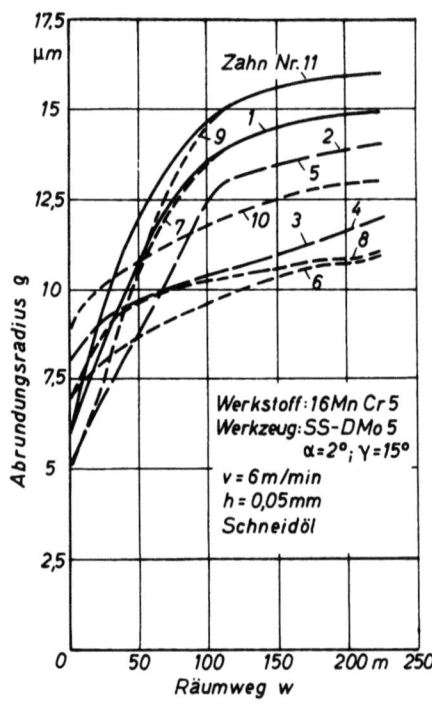

A b b i l d u n g   26
Schneidkantenabrundungsradius in Abhängigkeit vom
Räumweg beim Außenräumen von Stahl 16 MnCr 5

stückes betrachtet werden. Dabei wird bei den beim Räumen verwendeten
Schnittbedingungen die Oberflächengüte des Werkstückes von der auftretenden Schneidenansatzbildung beeinflußt, wie im folgenden gezeigt
wird.

## 5. Schneidenansatzbildung und Oberflächengüte beim Räumen

### 5.1 Schneidenansatzbildung beim Räumen

Bei der Zerspanung von zähen Werkstoffen mit niedrigen Schnittgeschwindigkeiten entsteht im allgemeinen eine Anhäufung von verfestigten, spröden Schichten des bearbeiteten Werkstoffes vor der Meißelschneide. Diese Schichten bilden sich keilartig aus, isolieren die Schneide gegen eine Berührung mit dem ablaufenden Span und übernehmen die Aufgabe der Schneide. Dabei unterliegen diese Schichten einer bestimmten Fluktuation, d.h. sie entstehen selbsttätig in bestimmten Perioden, vergrößern sich und wandern an Spanunterseite und Werkstückoberfläche wieder ab. Diese Erscheinung bezeichnete SCHWERD [56, 57] als die Bildung einer Aufbauschneide oder eines Schneidenansatzes.

Die bisherigen Untersuchungen über die Schneidenansatzbildung wurden zwar im Bereich niedriger Schnittgeschwindigkeiten, jedoch bei größeren Spandicken (bis über 1 mm) durchgeführt. Da beim Räumen neben niedrigen Schnittgeschwindigkeiten auch äußerst kleine Spandicken (0,01 bis 0,1 mm) angewendet werden, bestand die Frage, in welchem Maße die Schneidenansatzbildung in diesem Bereich auftritt und inwieweit sie die Ausbildung der Oberfläche des Werkstückes beeinflußt. Hierzu mußte zunächst die Ursache für die Entstehung der Aufbauschneiden untersucht werden. Aus diesem Grunde wurden Spanwurzeluntersuchungen durchgeführt, die es ermöglichen, ein Bild über die auftretenden Veränderungen in der Schnittzone zu geben.

Eine Untersuchung der Spanbildung wird nur dann ein klares Bild ergeben, wenn die Spanwurzel im realen Zustand festgehalten wird. Das bedeutet, daß der Zerspanungsvorgang so schnell unterbrochen werden muß, daß kein Abbremsen eintritt. Dies wurde dadurch erreicht, daß der Meißel am Schaftende drehbar um eine Achse gelagert war. Am vorderen Ende war der Meißel durch einen Scherstift gehalten (Abb. 27). Beim Schnittvorgang wird der Meißel durch einen Schlag und das dadurch bedingte Abscheren des Scherstiftes in kürzester Zeit außer Eingriff gebracht. Bei den relativ niedrigen Schnittgeschwindigkeiten beim Räumen erfolgt der Rückzug des Meißels dabei so schnell, daß eine Verfälschung des Ergebnisses infolge der Schnittgeschwindigkeitsänderung praktisch nicht eintritt.

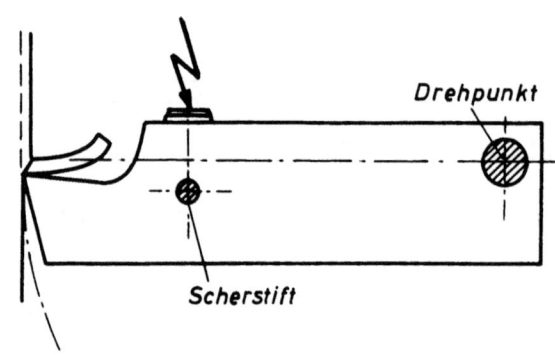

A b b i l d u n g   27

Prinzip der Kipp-Meißel-Vorrichtung

Das Mikroschliffbild einer auf diese Weise erhaltenen Spanwurzel zeigt Abbildung 28. Man erkennt die einzelnen, übereinandergelegten Schichten. Dabei liegen die unteren Schichten flach auf der Spanfläche auf, die folgenden sind mit zunehmender Höhe konvex nach oben gekrümmt. Die auf der Spanfläche haftende Werkstoffstauchung aus verschiedenen Schichten

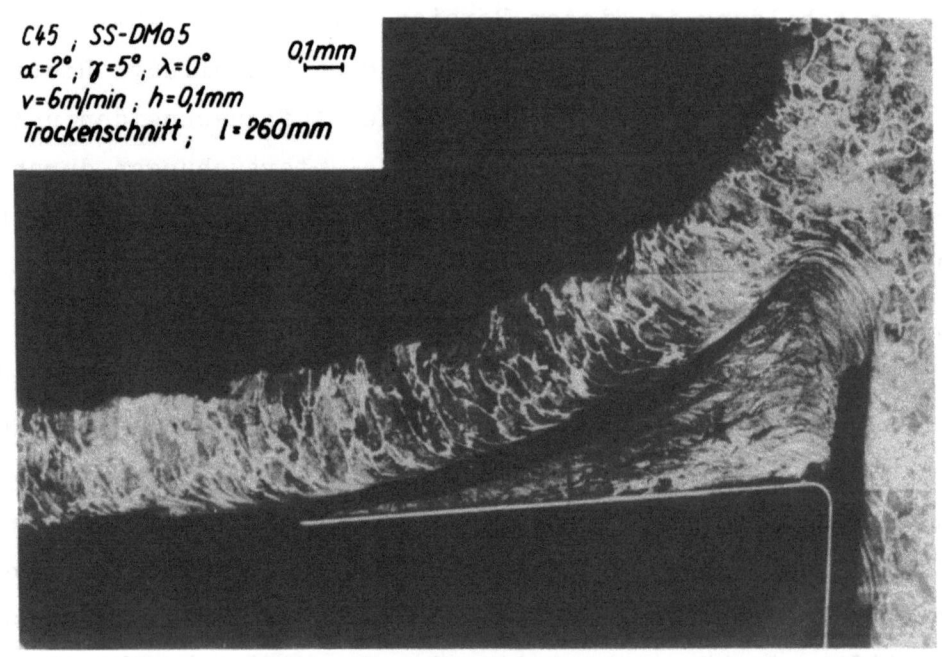

A b b i l d u n g   28

Mikroschliffbild einer Spanwurzel bei Räumbedingungen

der Aufbauschneide weist auf hohe Reibungskräfte zwischen Span und Werkzeug hin. Die Verformung in den einzelnen Schichten führt zu einer Verfestigung und erhöht die Sprödigkeit des zu bearbeitenden Materials. Mikrohärtemessungen nach HANEMANN mit 60 g Prüflast an der in Abbildung 28 dargestellten Aufbauschneide ergaben Werte zwischen $H_m$ = 580 bis 910 $kg/mm^2$ gegenüber einer Härte von etwa 250 bis 290 $kg/mm^2$ im Grundgefüge. Die Härteverteilung in den einzelnen Schichten der Aufbauschneide ist in Abbildung 29 dargestellt. Deutlich ist eine Härtesteigerung in Richtung der eigentlichen Schnittstelle zu erkennen, wobei Höchstwerte von 910 $kg/mm^2$ erreicht werden.

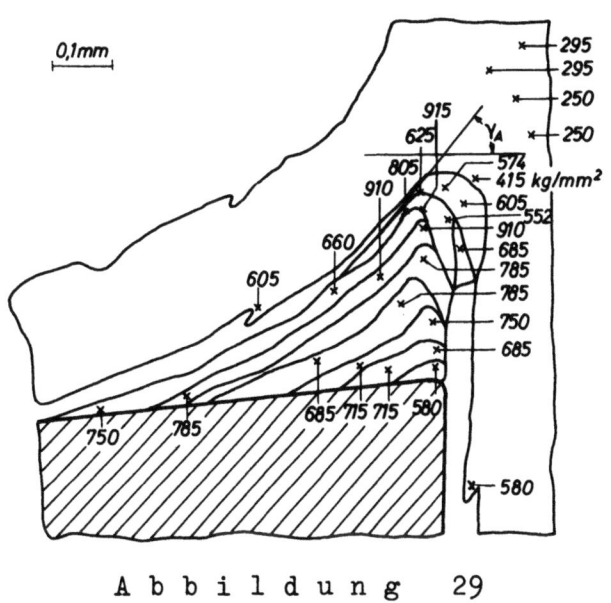

A b b i l d u n g   29

Härteverteilung im Schneidenansatz und der Spanwurzel

Durch fortgesetztes Aufkleben neuer Schichten wird die Scherfestigkeit in der obersten Schicht der Aufbauschneide überschritten, und Teile der Aufbauschneide wandern mit Span- und Werkstückoberfläche ab. Eine Bestätigung dieser Annahme erbringen die Härtemessungen am überhängenden Teil der Aufbauschneide und an den Teilchen, die an Span- und Werkstück haften. Die Härtewerte sind an beiden Stellen gleich groß.

Bei allen geräumten Werkstücken erkennt man beim Anschneiden des Werkzeuges auf der Oberfläche einen Einlaufbereich, der frei von Schneidenansatzteilchen ist. Erst wenn die Aufbauschneide eine bestimmte Höhe erreicht hat, tritt eine Ablösung der obersten Schichten auf. In dem

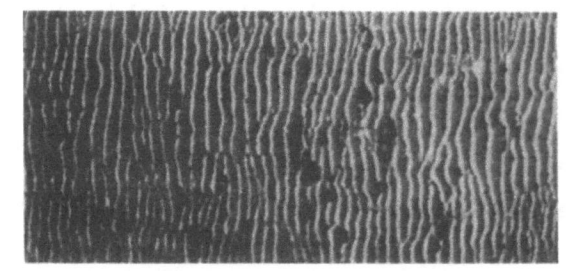

Abbildung 30

Geräumte Oberfläche (Einzahnräumen)

weiteren Bereich ist die Verteilung der Schuppen auf der Oberfläche ziemlich regelmäßig, wie in Abbildung 30 zu erkennen ist. Die Anzahl der Aufbauschneidenteilchen an der Oberfläche pro Meßlänge in diesem Meßbereich unterliegt bestimmten Gesetzmäßigkeiten. Die Oberflächenaufnahmen in Abbildung 31 zeigen die Verteilung der Aufbauschneidenteilchen auf der Oberfläche, die mit zunehmender Spandicke in ihren Ausmaßen größer, in ihrer Anzahl jedoch weniger werden. Ein Mikroschliff senkrecht zur Oberfläche (Abb. 32) läßt deutlich erkennen, daß es sich hierbei um abgewanderte und in die Oberfläche eingedrückte Schneidenansatzteile handelt.

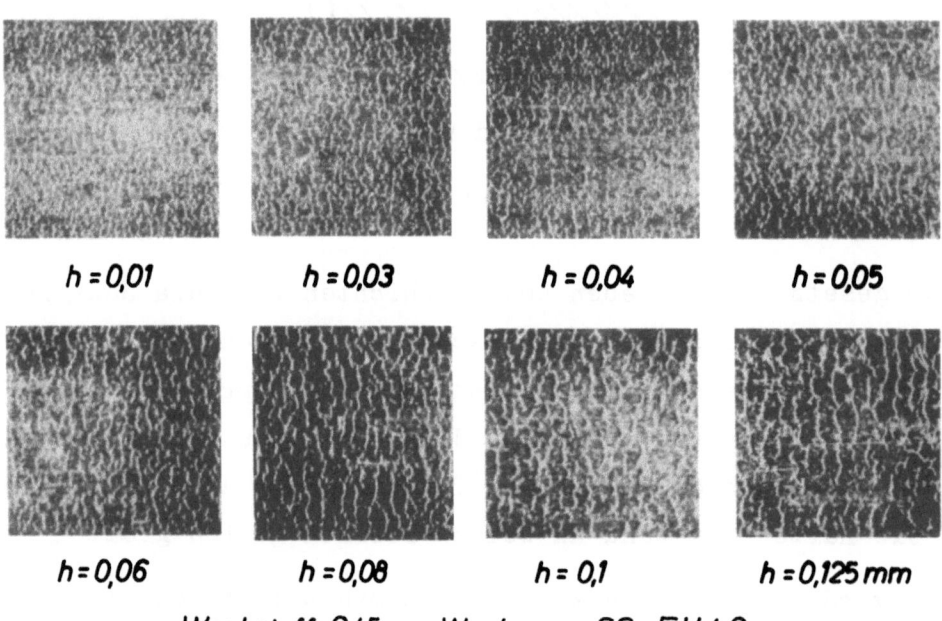

*h = 0,01*     *h = 0,03*     *h = 0,04*     *h = 0,05*

*h = 0,06*     *h = 0,08*     *h = 0,1*      *h = 0,125 mm*

*Werkstoff: C45;  Werkzeug SS-EV4Co*
*Trockenschnitt  v = 6 m/min  α = 2°; γ = 15°*

Abbildung 31

Verteilung der Aufbauschneidenteilchen auf den Oberflächen beim Einzahnräumen mit verschiedenen Spandicken

Aus der Schuppenzahl pro Meßlänge $S_x$ läßt sich der mittlere Abstand zweier Schuppen $x_A$ und in Verbindung mit der Schnittgeschwindigkeit die zeitliche Aufeinanderfolge der Aufbauschneidenteilchen, die Ablösefrequenz $f_A$ ermitteln. In Abbildung 33 sind diese Größen als Funktion von Schnittgeschwindigkeit und Spandicke für das Einzahnräumen dargestellt.

A b b i l d u n g  32

Mikroschliff eines Aufbauschneidenteiles senkrecht zur Oberfläche

Die Schuppenzahl $S_5$, die bei diesen Versuchen für eine Meßlänge von 5 mm ausgezählt wurde, nimmt in Abhängigkeit von Schnittgeschwindigkeit und Spandicke ab. Hierbei sind für die Schuppenzahl jeweils auch die Einzelwerte zu den Mittelwerten angegeben.

Die Ablösefrequenz der Schneidenansatzteilchen verläuft mit zunehmender Spandicke - bei konstanter Schnittgeschwindigkeit - konform mit der Zahl der Aufbauschneidenteilchen je Meßlänge $S_5$. Demgegenüber nimmt die Ablösefrequenz mit wachsender Schnittgeschwindigkeit zu, da der Schuppenabstand degressiv mit der Schnittgeschwindigkeit ansteigt. Im Bereich zwischen $v = 0,3$ und 9 m/min ergeben sich Ablösefrequenzen von $f_A = 65$ bis 380 Hz, deren Größe beim Einstechdrehen, für das sich ein ähnlicher Verlauf ergab, bei einer Schnittgeschwindigkeit von 30 m/min auf etwa 1400 Hz ansteigen kann. Bei noch niedrigeren Schnittgeschwindigkeiten unter 0,2 m/min waren nur vereinzelt Schuppen auf der Oberfläche festzustellen.

Für die Untersuchungen beim Einzahnräumen an Stahl C 45 wurde weiterhin die Schuppenzahl pro 5 mm, der mittlere Schuppenabstand und die Ablösefrequenz als Funktion von Span-, Frei- und Neigungswinkel sowie vom Schneidkantenabrundungsradius untersucht. Der Freiwinkel sowie der Nei-

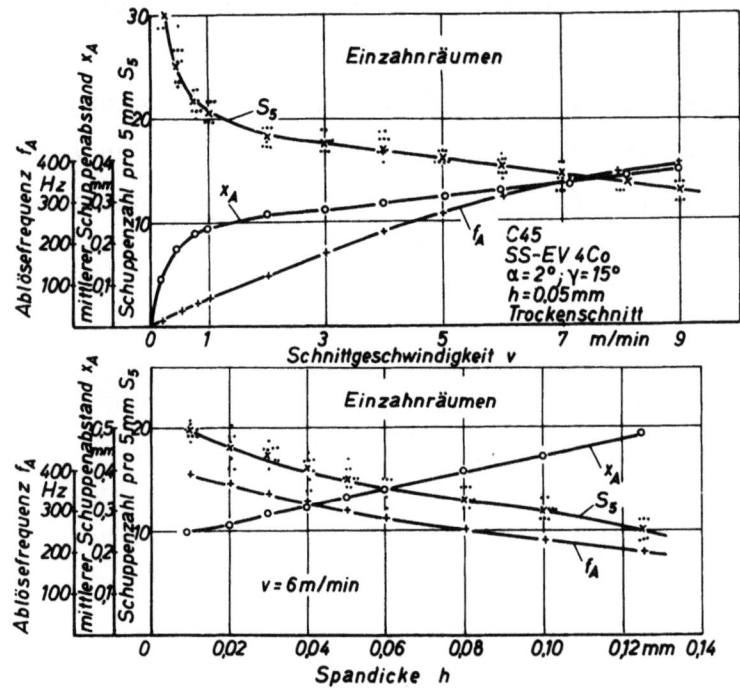

Abbildung 33

Schuppenzahl, Ablösefrequenz und mittlerer Schuppenabstand in Abhängigkeit von den Schnittbedingungen beim Einzahnräumen

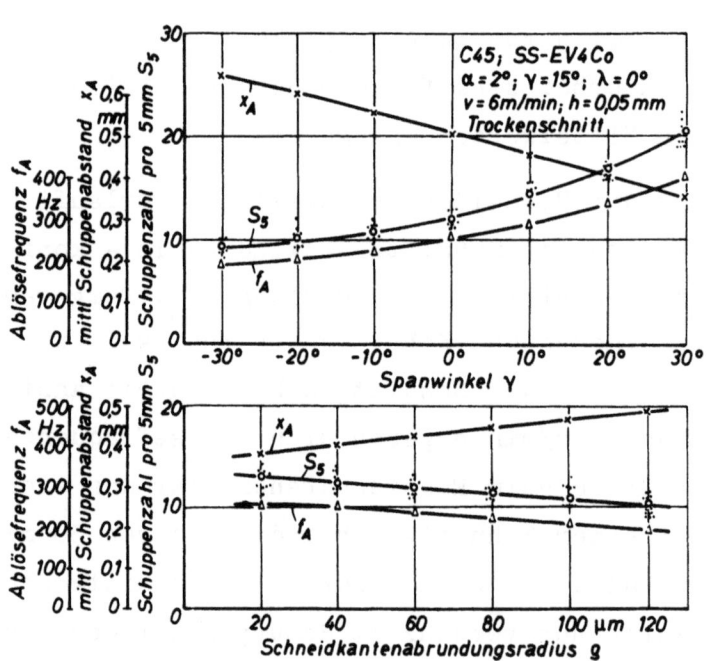

Abbildung 34

Schuppenzahl, Ablösefrequenz und mittlerer Schuppenabstand in Abhängigkeit vom Spanwinkel und Abrundungsradius beim Einzahnräumen

gungswinkel haben praktisch keinen Einfluß auf die Aufbauschneidenbildung. Demgegenüber wächst die Schuppenzahl $S_5$ mit wachsendem Spanwinkel und fällt etwa linear mit zunehmendem Schneidkantenabrundungsradius ab. Die Ablösefrequenz und der mittlere Schuppenabstand verhalten sich entsprechend. Eine derartige Abhängigkeit ergibt sich auch für die Untersuchungen beim Außenräumen, so daß die Ergebnisse für Einzahn- und Außenräumoperationen auch hier vergleichbar sind.

Die gleichen Untersuchungen wurden auch in Abhängigkeit vom Werkstückstoff sowie vom Kühlschmiermittel durchgeführt. Bei Zufuhr von Kühlschmiermitteln ist die Schuppenzahl pro Meßlänge bei gleichen Schnittbedingungen größer als beim Trockenschnitt, jedoch setzt die Aufbauschneidenbildung z.T. bei etwas höheren Schnittgeschwindigkeiten ein. Bei Verwendung von Emulsion waren unterhalb v = 4 m/min nur vereinzelt abgewanderte Schneidenansatzteilchen zu finden, so daß eine Ermittlung der Schuppenzahl in diesem Bereich nicht möglich war (Abb. 35).

Weiterhin konnte festgestellt werden, daß die Ausbildung der Schuppen und die Verteilung auf der Oberfläche vom Werkstoff und seinem Gefüge abhängig ist. Vergleicht man die Oberflächenaufnahmen und die Gefügebildung (Abb. 36) der beiden Stähle 16 MnCr 5 und C 45 im normalisierten Anlieferungszustand sowie eines legierten Nitrierstahles im vergüteten Zustand mit hoher Festigkeit, so ergeben sich für den vergüteten Werkstoff zum Teil zusammenhängende Schuppenfronten über die gesamte Schnittbreite, während die Schuppen für die beiden Stähle 16 MnCr 5 und C 45 über die Werkstückbreite unterschiedlich ausgebildet sind.
Um den Einfluß des Gefüges auf die Oberflächenausbildung zu ermitteln, wurde der Stahl C 45 in vier verschiedenen Gefügezuständen (vergl. Tab. 4) beim Einzahnräumen bearbeitet. Die Gefügeaufnahmen des Stahles für die jeweiligen Warmbehandlungszustände und die Oberflächenaufnahmen nach der Bearbeitung sind in Abbildung 37 wiedergegeben. Während bei den normalisierten und dem weichgeglühten Gefügezustand die Schuppen über die Meißelbreite abgerissen und unregelmäßig verteilt sind, zeigen sich bei den beiden Vergütungszuständen größtenteils einheitliche Schuppenfronten über der gesamten Schnittfläche. Gleichzeitig sind die Schuppen beim vergüteten Werkstück in ihren Ausmaßen größer als beim normalisierten und weichgeglühten Zustand.

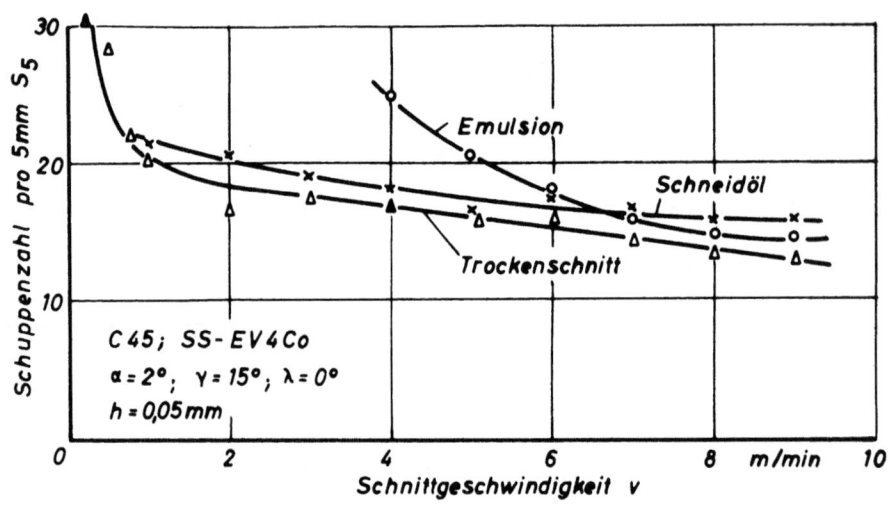

Abbildung 35

Schuppenzahl beim Einzahnräumen bei Trockenschnitt
und Zufuhr von Kühlschmiermitteln

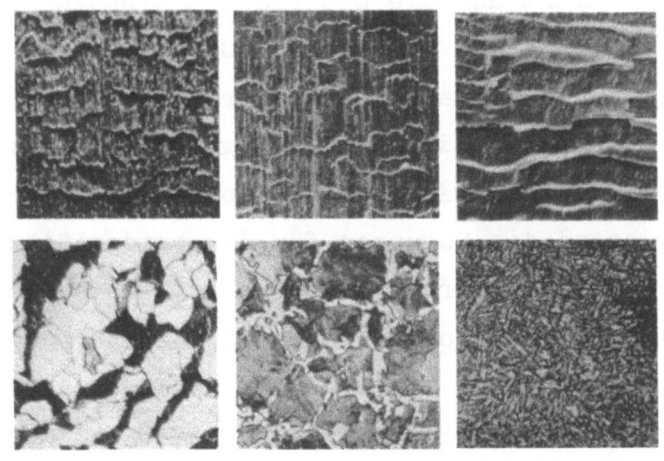

Abbildung 36

Oberflächen- und Gefügeaufnahmen bei verschiedenen Werkstoffen

Tabelle 4

Warmbehandlungsdaten, Gefügeausbildung und
Festigkeitswerte für Stahl C 45

| | Warmbehandlung | Gefügeausbildung | HV $[kg/mm^2]$ | Festigkeit $[kg/mm^2]$ |
|---|---|---|---|---|
| $V_1$ | vergütet 860°/Öl ⟶ 530°/1$^h$ | Vergütungsgefüge mit 15 % Ferrit | 237 | 82 |
| $V_2$ | vergütet 860°/Öl ⟶ 670°/1$^h$ | Vergütungsgefüge mit 15 % Ferrit | 205 | 70 |
| $N_1$ | normalisiert 860°/1$^h$/Luft | Ferrit u. Perlit etwa gl.Korngr. | 172 | 59 |
| $N_2$ | normalisiert 950°/3$^h$/Luft | Grundmasse sorb. m.Ferritkorngrenze | 149 | 51 |

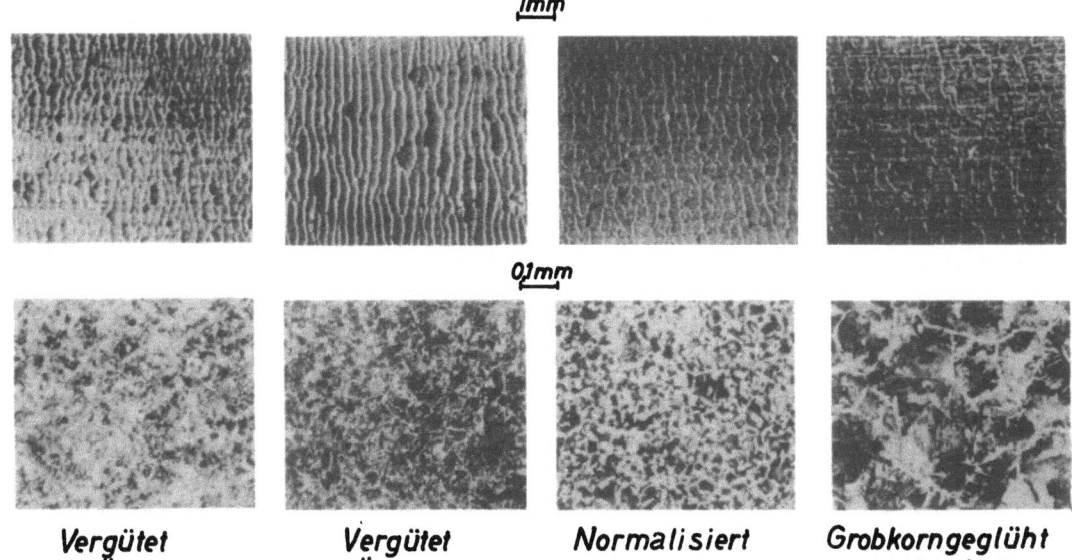

Vergütet　　　　　Vergütet　　　　Normalisiert　　Grobkorngeglüht
860°/Öl 530°/1h　860°/Öl 670°/1h　860°/1h/Luft　　950°/1h/Luft

C45 ; SS-EV4Co ; α = 2° ; γ = 15°
v = 6m/min ; h = 0,05mm ; Trockenschnitt

Abbildung 37

Oberflächen- und Gefügeaufnahmen beim Einzahnräumen eines
Stahles C 45 verschiedener Warmbehandlungszustände

Diese unterschiedliche Fluktuation und Ausbildung der Aufbauschneidenteilchen an der bearbeiteten Oberfläche ist demnach auf den Gefügezustand zurückzuführen. Dabei scheint die Verteilung der jeweiligen Gefügekomponenten maßgebend für die Ausbildung der Oberfläche zu sein. Beim weichgeglühten Werkstoff ergeben sich sehr grobe, von einem Ferritnetz umschlossene Perlitkörner; man erhält eine saubere Oberfläche. Demgegenüber ist beim normalisierten Zustand Ferrit- und Perlit gleichmäßig verteilt, die Schuppen sind in ihren Ausmaßen etwas größer. Weiterhin ist noch anzufügen, daß innerhalb eines gleichen Wärmebehandlungszustandes die Werkstoffprobe mit der höheren Festigkeit jeweils die größere Anzahl der Schuppen aufweist. Die Höhe der Schuppen nimmt jedoch allgemein mit wachsender Schuppenzahl ab.

Die Höhe der Aufbauschneide und ihre Härte sind abhängig von den Zerspanbedingungen. Spanwurzeluntersuchungen bei Schnittgeschwindigkeiten zwischen v = 0,5 und 9 m/min haben gezeigt, daß in diesem Bereich mit zunehmender Schnittgeschwindigkeit die Höhe der Aufbauschneide größer wird. Dies kann sowohl auf eine Veränderung des Druckes als auch der Temperatur zurückzuführen sein. Da sich jedoch die Schnittkraft im Bereich dieser Schnittgeschwindigkeiten nur unwesentlich ändert, wird der Einfluß der Temperatur, die mit zunehmender Schnittgeschwindigkeit ansteigt, überwiegen. Ebenso konnte eine Vergrößerung der Aufbauschneide mit zunehmender Räumlänge beobachtet werden. Erst nach einer bestimmten Räumlänge, die zwischen 50 und 70 mm liegt, blieb die Höhe der Aufbauschneide konstant. Diese Tatsache läßt vermuten, daß durch die Wärmeentwicklung an der Schnittstelle eine Erhöhung der Temperatur und damit ebenfalls ein Anwachsen der Aufbauschneide auftritt. Nach einer gewissen Zeit stellt sich ein Gleichgewicht der Temperatur ein und eine weitere Vergrößerung der Aufbauschneide tritt nicht auf. Es setzen sich zwar neue Schichten an, andere wandern dafür aber mit Span- und Werkstück ab. Hierbei ergibt sich ein Schneidenansatz mit einem ganz bestimmten eigenen Spanwinkel, welcher nach der vorliegenden Untersuchung eine Größe zwischen $\gamma_A$ = 55 bis 60° annimmt. Gleichzeitig nimmt die eingestellte Spandicke in meßbaren Grenzen ab, da die asymmetrisch ausgebildete Aufbauschneide stark in das Werkstück hineinragt.

Um zu untersuchen, inwieweit die Aufbauschneidenbildung von der Temperatur an der Schnittstelle beeinflußt wird, wurden zunächst die beim Räumen auftretenden Temperaturen bestimmt. Die Temperaturen wurden nach der in Kapitel 2.3 beschriebenen Methode bei Verwendung verschiedener

Außenräumwerkzeuge mit unterschiedlicher Zahnsteigung in Abhängigkeit von der Schnittgeschwindigkeit ermittelt. Abbildung 38 zeigt den schematischen und wirklichen Temperaturverlauf über einen Räumhub; beim

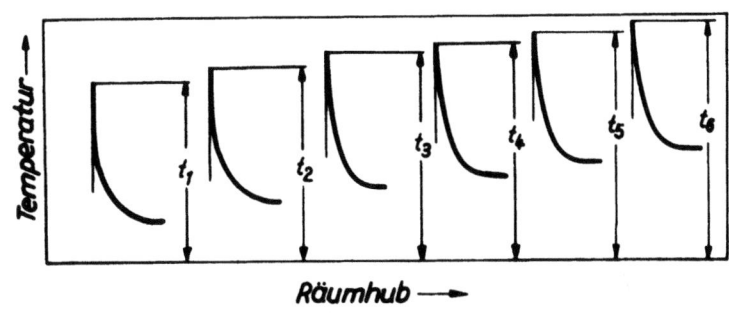
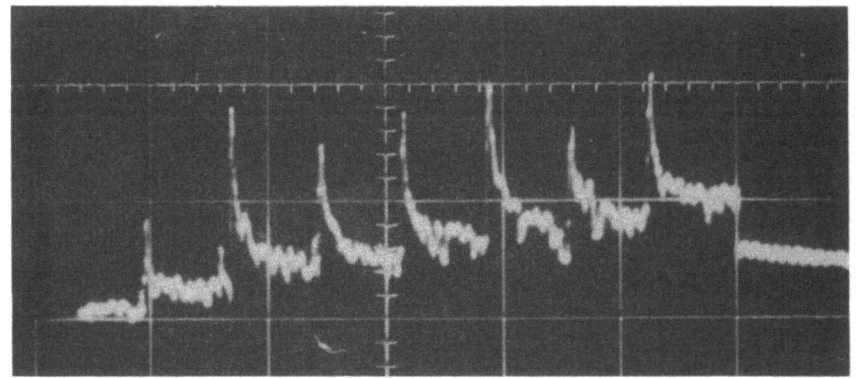

Abbildung 38
Schematischer und wirklicher Temperaturverlauf an der
Schnittstelle beim Außenräumen mit einem
Werkzeug mit 7 Zähnen

Durchschneiden des isoliert im Werkstück liegenden Platindrahtes bildet sich an der Schnittstelle ein Kontakt mit dem Werkstück, so daß hierdurch ein Thermoelement entsteht. Nach diesem einmaligen Entstehen des Thermopaares kann dann die beim Bearbeiten des Werkstückes entstehende Temperatur gemessen werden. Beim Außenräumwerkzeug kommen die einzelnen Schneiden je nach der Zahnteilung nacheinander zum Eingriff, so daß ein mehrmaliges Anschneiden des Thermoelementes erfolgt. Der auf dem Kathodenstrahloszillographen sichtbar gemachte Temperaturverlauf zeigt den Ausschlag bis zum Temperaturmaximum, dann ein Absinken der Temperatur bis zum nächsten Anschnitt, bei dem ein erneutes Ansteigen der Temperatur erfolgt. Da die Wärme nicht so schnell abgeführt werden kann, steigt die Temperatur des Werkstückes von Zahn zu Zahn etwas an.

Abbildung 39 zeigt die maximalen Temperaturen als Funktion von Schnittgeschwindigkeit und Zahnsteigung in halblogarithmischer Darstellung. Die Schnittemperaturen wachsen mit Zunahme beider Einflußgrößen an. So ergeben sich bei Schnittgeschwindigkeiten zwischen v = 1 bis 9 m/min und Zahnsteigungen von h = 0,02 bis 0,1 mm für das verwendete Außenräumwerkzeug mit 7 Zähnen maximale Temperaturen im Bereich zwischen 80 und 350° C. Die höchste Temperatur mit 350° C trat bei v = 9 m/min und h = 0,1 mm auf.

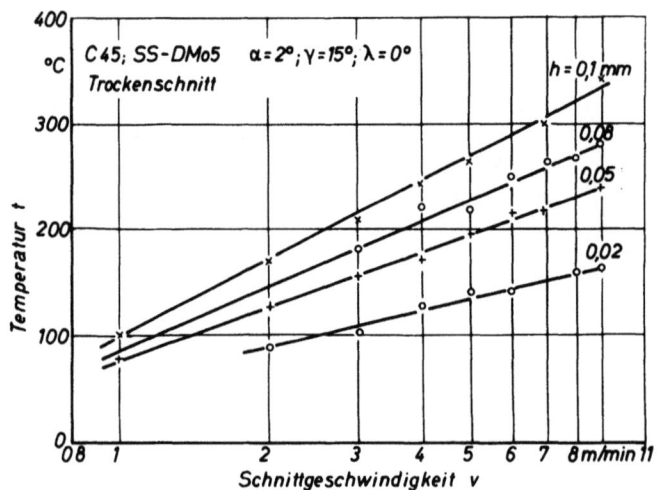

A b b i l d u n g   39

Schnitt-Temperatur in Abhängigkeit von Schnittgeschwindigkeit
und Vorschub beim Außenräumen

Der Einfluß der Temperatur auf die Schneidenansatzbildung ist in Abbildung 40 zu erkennen. Hier wurde das Werkstück beim Außenräumen vor dem Zerspanungsvorgang induktiv aufgeheizt und die erzeugte Oberfläche hinsichtlich der Schuppenbildung untersucht. Auffallend ist der starke Anstieg der Schuppenzahl im Bereich von etwa 300 bis 400° C, wobei oberhalb dieses Maximums die Schuppenzahl wieder stark abfällt. Vergleicht man diese Kurven mit der in Abbildung 41 gezeigten Härtekurve eines Stahles, so ist eine deutliche Übereinstimmung in der Charakteristik dieser beiden Kurven in Abhängigkeit von der Temperatur festzustellen. Im Bereich zwischen 300 und 500° C tritt bei diesem Stahl eine Härte- und damit Festigkeitssteigerung auf, die man allgemein als Blaubruch-

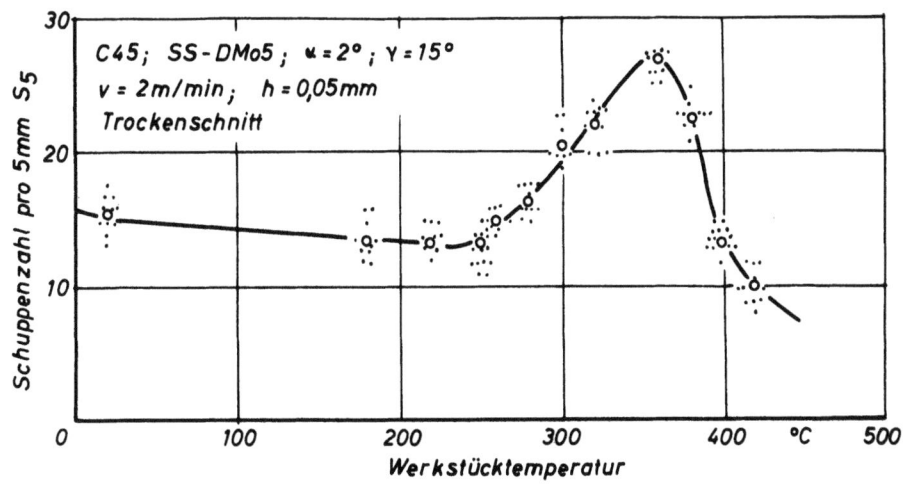

Abbildung 40

Einfluß der Werkstücktemperatur auf die Schuppenbildung
auf der Oberfläche

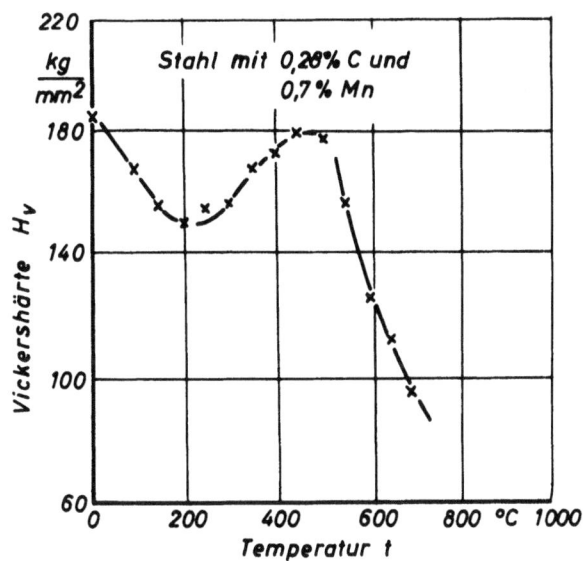

Abbildung 41

Härte eines Stahles als Funktion der Temperatur
(nach SCHENCK und Mitarbeitern [54])

sprödigkeit bezeichnet. Der Bereich der Blaubruchsprödigkeit ist dabei abhängig von der Verformungsgeschwindigkeit, wobei sich nach E. SIEBEL [63] sowie NADAI und MANJOINE [36] das Maximum der Zugfestigkeit mit größerer Dehngeschwindigkeit zu höheren Temperaturen verschiebt. Aus diesem Grunde können die absoluten Temperaturen nicht verglichen werden, zumal die Härtekurve für einen Stahl mit 0,28 % C gilt. Außerdem wurde in Abbildung 40 nur die Außentemperatur des Werkstückes mit Hilfe eines

Kontakt-Thermoelementes ermittelt, während an der eigentlichen Schnittstelle durch den Spanablauf z.T. abweichende Temperaturverhältnisse vorliegen werden.

Während bei den beim Räumen angewendeten Schnittbedingungen dieser Bereich der Blaubruchsprödigkeit nicht erreicht wird, dürfte bei größeren Schnittgeschwindigkeiten und Vorschüben dieser Temperaturbereich erreicht werden. Abbildung 42 zeigt, daß beim Einstechdrehen bei einem Vorschub von 0,05 mm bis zu einer Schnittgeschwindigkeit von 30 m/min noch ein Abfall der Schuppenzahl auftritt, jedoch bei einem Vorschub von 0,1 mm bei etwa 25 m/min sich ein Maximum der Schuppenzahl entsprechend Abbildung 40 einstellt.

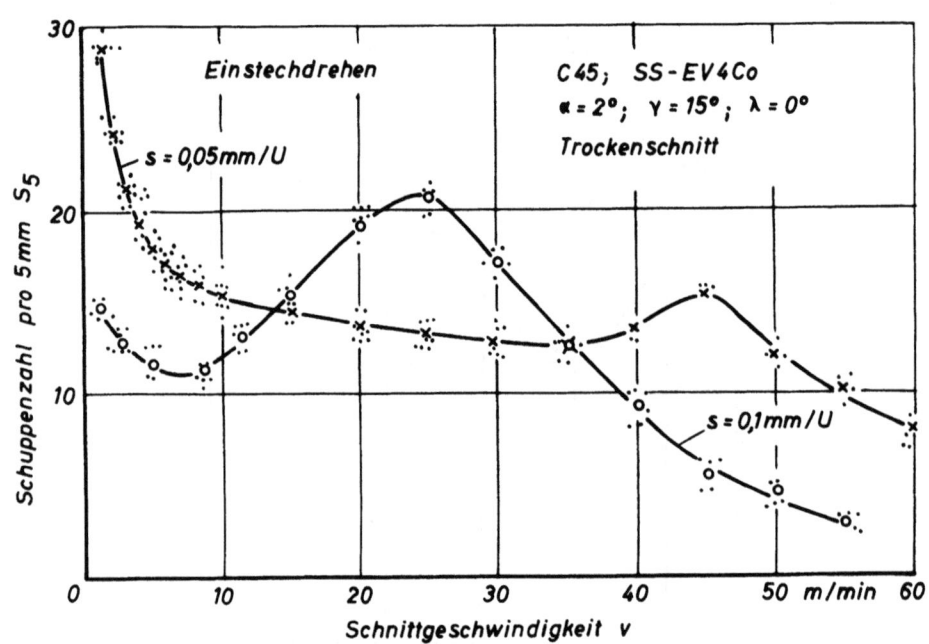

A b b i l d u n g   42
Schuppenzahl in Abhängigkeit von der Schnittgeschwindigkeit
beim Einstechdrehen

Die Schnittemperatur dürfte in diesem Falle bei 450 bis 500° C liegen. Oberhalb dieses Bereiches fällt die Schuppenzahl schnell ab, wobei hier jedoch gleichzeitig auch die Höhe der Schuppen abnimmt. Oberhalb von 60 m/min ist praktisch keine Aufbauschneidenbildung mehr festzustellen.

Aus diesen Untersuchungen läßt sich nun folgendes ableiten:

Unterhalb einer bestimmten Temperatur bzw. Schnittgeschwindigkeit (bei $h = 0,05$ mm, $v = 0,2$ m/min) tritt praktisch keine merkliche Aufbau-

schneidenbildung auf. Die Oberfläche des Werkstückes ist glatt und
schuppenfrei. Von einer bestimmten Schnittgeschwindigkeit bzw. Temperatur aufwärts setzt die Entstehung einer Aufbauschneide ein, wobei
die Höhe der Aufbauschneide sowie die Höhe der Schuppen auf der Oberfläche mit wachsender Schnittgeschwindigkeit zunächst zunimmt, während
die Schuppenzahl geringer wird. Durch Zufuhr von Kühlschmiermitteln
kann dabei der Beginn der Aufbauschneidenbildung zu höheren Schnittgeschwindigkeiten verschoben werden, da hierbei die Temperatur der
Schnittstelle gegenüber dem Trockenschnitt herabgesetzt wird. Im Gebiet
der Blaubruchsprödigkeit steigt jedoch die Schuppenzahl auf einen
Höchstwert an, wobei gleichzeitig die Höhe der Schuppen abnimmt. Dieser
Höchstwert dürfte etwa mit dem Höchstwert der Härte im Blaubruchgebiet
des Stahles zusammenfallen. Oberhalb dieser Temperaturen nimmt dann sowohl die Schuppenzahl als auch die Höhe der Schuppen ab. Die Aufbauschneidenbildung vermindert sich in diesem Bereich. Die Tatsache, daß
die Schuppenzahl bei höherer Festigkeit des Werkstoffes zunimmt, wurde
ebenfalls beim Räumen der verschiedenen Proben des Stahles C 45 (Abb.
37) festgestellt.

### 5.2 Die Oberflächengüte beim Räumen

Bei allen Versuchen wurden die geräumten bzw. im Einstechvorgang erzeugten Oberflächen sowohl quer zur Schnittrichtung als auch in Bearbeitungsrichtung mit einem Oberflächen-Tastnadelgerät nach LEITZ-FORSTER
an den in Abbildung 43 für die jeweiligen Verfahren angegebenen Koordinaten abgetastet. Zur Kennzeichnung der Oberflächenrauheit wurde dabei
die Rauhtiefe R in Mikrometer ( $\mu$m) gemessen.

Zur Festlegung der grundlegenden Tendenzen wurden die Versuche zunächst
im Trockenschnitt durchgeführt und später durch Untersuchungen durch
Zufuhr verschiedener Schneidflüssigkeiten erweitert.

Bevor auf die Einzelergebnisse der Oberflächenuntersuchungen eingegangen
wird, sollen einige allgemeine Hinweise zur Ermittlung der Oberflächenrauheit gegeben werden. Zunächst ist in Abbildung 44 eine unter Schneidöl-Zufuhr geräumte Oberfläche wiedergegeben. Gleichzeitig sind die Profilschriebe der Oberflächengestalt und die ermittelten Rauhtiefen in
Abhängigkeit von der Räumlänge angeführt. Man erkennt die unterschiedliche Rauheit und Schuppenbildung, wobei sich die Oberfläche von der
Eintrittsseite des Werkzeuges zur Auslaufseite mit wachsender Koordinate x entsprechend der zunehmenden Schuppenbildung verschlechtert.

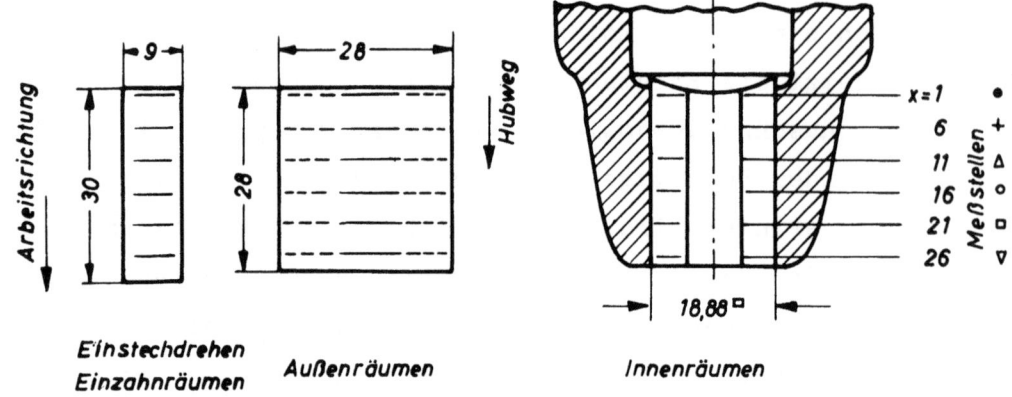

Abbildung 43

Meßstellen zur Bestimmung der Oberflächenrauheit am geräumten
Werkstück bei den einzelnen Zerspanverfahren

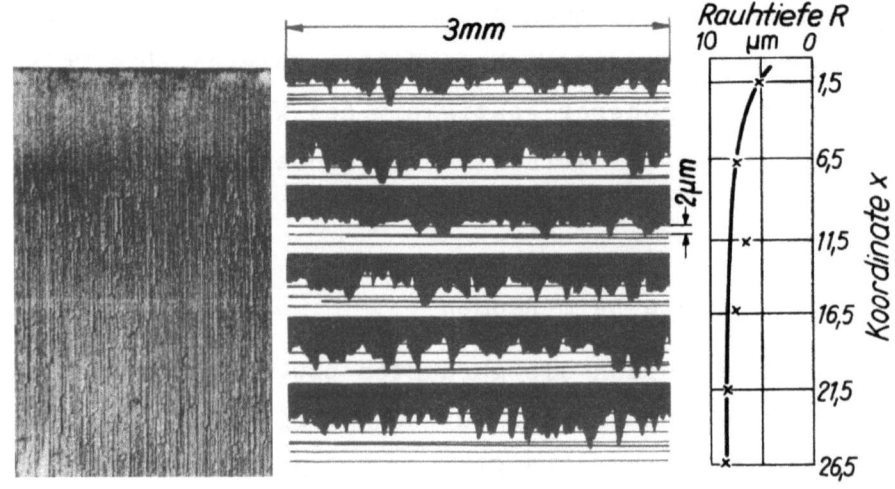

Abbildung 44

Oberflächenaufnahme, Oberflächenprofile und zugehörige
Rauhtiefenwerte beim Außenräumen von Stahl 16 Mn Cr 5

Dieser Effekt ist von ERNST und MERCHANT [7] ebenfalls bei der Bearbeitung von kalt aufhärtenden Werkstoffen mit Einzahnwerkzeugen bei ähnlichen Schnittbedingungen festgestellt worden. Bei Zufuhr von Schneidöl oder Emulsion ist dieser Einlaufbereich im allgemeinen etwas größer als beim Trockenschnitt, da die Aufbauschneidenbildung durch das Kühlschmiermittel anfänglich teilweise unterdrückt wird. Mit wachsender Koordinate x kann das Kühlschmiermittel nicht mehr in gleichem Maße an die Schnittstellen gelangen, so daß durch die hier vorhandene fast trockene Reibung die Rauhtiefe ansteigt, wobei die Fluktuation der Aufbauschneidenteilchen maßgeblichen Einfluß auf die Oberflächengestalt hat. Die

Rauhtiefe nimmt für diesen Fall von R = 5 μm bei x = 0,5 mm bis auf
R = 8-9 μm bei x = 26,5 mm zu. Die Versuchsauswertung hat gezeigt, daß
es nicht möglich ist, eine eindeutige Tendenz des Rauhtiefenverlaufes
für jede Koordinate zu erzielen. In den folgenden Diagrammen sind jeweils sämtliche Rauhtiefenwerte mit Ausnahme der Werte für die Einlaufkoordinate aufgetragen und als Rauhtiefen-Streuband dargestellt. Hierdurch wird in der Auswertung der Gesamtbereich der vorhandenen Rauheit
einer Werkstückprobe erfaßt und angegeben. Die Untersuchungen beim Einzahnräumen an Stahl C 45 im Trockenschnitt führen zu ähnlichen Ergebnissen (Abb. 45). Hier wurde die Oberfläche an den angegebenen Koordinaten sowohl quer als auch längs zur Räumrichtung abgetastet. Die beiden

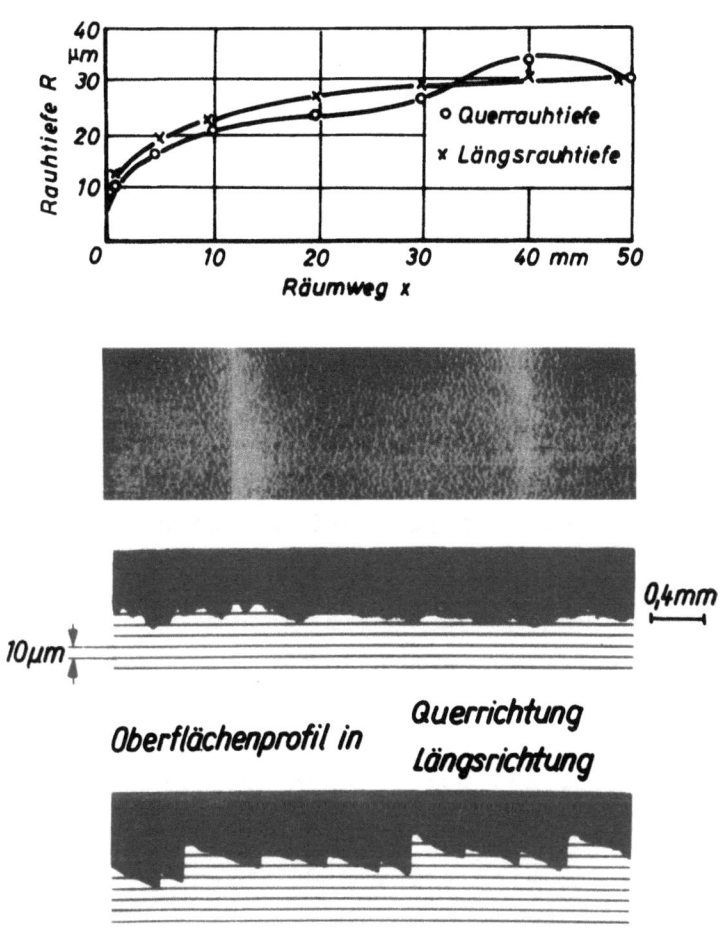

A b b i l d u n g   45
Quer- und Längsrauheit und Oberflächenaufnahme
beim Einzahnräumen von Stahl C 45

Oberflächenschriebe zeigen das Ergebnis. Im oberen Profilschrieb ist
die Querrauheit, die für sämtliche Untersuchungen als Bewertungsgröße

herangezogen wurde, und im unteren Oberflächenprofil die Längsrauheit
wiedergegeben. Beide Profilaufnahmen sind im Original 200fach höhen-
und 25fach seitenvergrößert aufgenommen worden. Das Längsprofil zeigt
durch die 8fache Überhöhung ganz eindeutig die Schuppenbildung, die
durch die abgelösten Aufbauschneidenteilchen entsteht. Zum Teil bedecken
die Schuppen dachpfannenartig die Werkstückoberfläche. Die aus den Profilaufnahmen ermittelten Rauhtiefenwerte sind im oberen Diagramm aufgetragen. Die Rauhtiefen für Quer- und Längsrauheit liegen in der gleichen
Größenordnung und haben in Abhängigkeit vom Einzelräumweg (Werkstücklänge) praktisch den gleichen Verlauf.

## 5.21 Einfluß der Schnittbedingungen

Für das Einstechdrehen an einer genuteten Welle aus Stahl Ck 45 wurden
die Oberflächenrauhtiefen beim Trockenschnitt für Schnittgeschwindigkeiten zwischen v = 1 und 30 m/min und Vorschüben zwischen s = 0,016 und
0,125 mm/U ermittelt (Abb. 46). Ausgehend von v = 1 m/min steigt die
Rauhtiefe bis zu einer Geschwindigkeit von 7 m/min von R = 20 auf etwa
35 µm an, um dann an der oberen Grenze des Streubereiches nur noch geringfügig bis zu 40 µm bei v = 30 m/min anzuwachsen. In dieses Diagramm wurden ebenfalls die Rauhtiefen für die Einlaufkoordinaten eingezeichnet (xxx - Punkte), um zu zeigen, daß diese Werte nur etwa halb so
groß sind wie die im Streubereich liegenden übrigen Rauhtiefenwerte.
Das untere Diagramm macht deutlich, daß die Rauhtiefe mit zunehmendem
Vorschub (Spandicke) größer wird. Während bei einer Spandicke von s =
0,02 mm Rauhtiefen zwischen R = 18 bis 30 µm gemessen wurden, steigen
diese bei Vergrößerung des Vorschubes auf s = 0,125 mm/U auf R = 32
bis 45 µm an.

Beim Einzahnräumen (Abb. 47) wurden auch Messungen bei Schnittgeschwin-
keiten unter 1 m/min durchgeführt. In diesem Bereich fallen die Rauhtiefen weiterhin ab, so daß sich bei v = 0,2 m/min Werte zwischen R = 8 bis
11 µm ergeben. Mit zunehmender Geschwindigkeit nimmt die Rauhtiefe weiterhin zu, jedoch ist der Verlauf degressiv. Bei v = 6 m/min ergeben
sich Rauhtiefen zwischen R = 24 bis 32 µm. Auch mit größerer Spandicke
nimmt die Oberflächenrauheit zu; so werden bei einer Spandicke h =
0,125 mm nur Rauhtiefen zwischen R = 32 und 42 µm erreicht.

Die gleichen Streubereiche der Rauhtiefenwerte ergaben sich für die
beim Räumen üblichen Schnittbedingungen beim Außenräumen von C 45 im

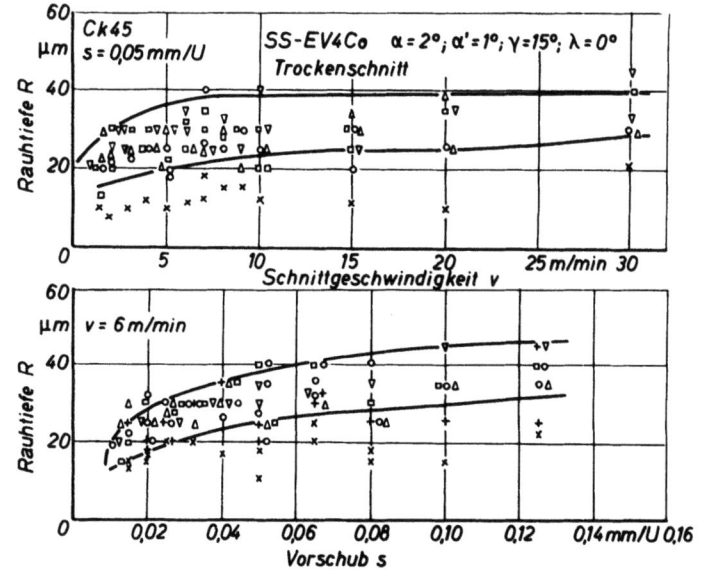

Abbildung 46

Oberflächenrauhtiefe in Abhängigkeit von den Schnittbedingungen beim Einstechdrehen

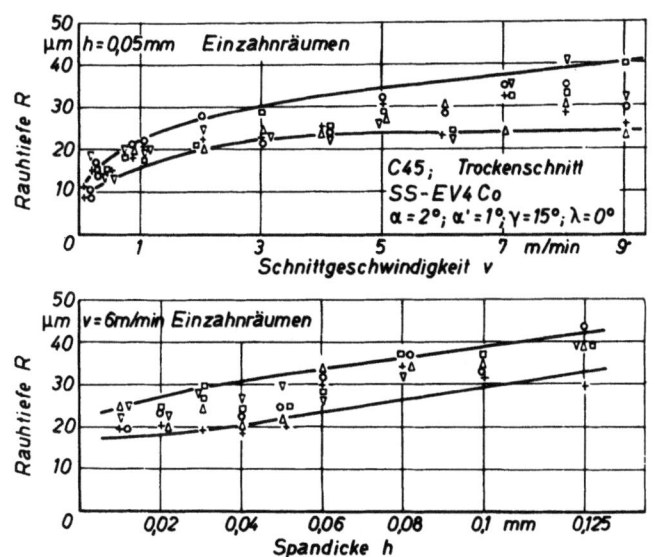

Abbildung 47

Oberflächenrauhtiefe in Abhängigkeit von den Schnittbedingungen beim Einzahnräumen

Trockenschnitt (Abb. 48). Hierbei wurden die jeweils hergestellten Oberflächenproben an 15 Meßstellen abgetastet, um einen guten Mittelwert der Rauhtiefe der Gesamtprobe zu erhalten.

Zweck dieser Oberflächenuntersuchungen bei verschiedenen Zerspanungsverfahren sollte es sein, eine Verbindung der Ergebnisse untereinander herzustellen.

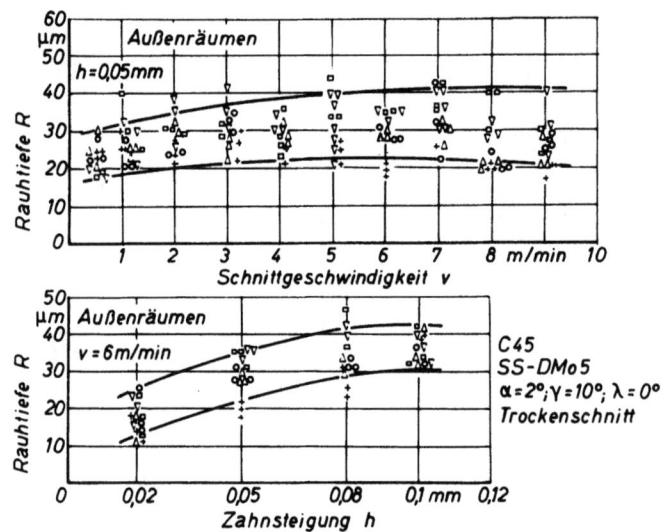

Abbildung 48

Oberflächenrauhtiefe in Abhängigkeit von den Schnittbedingungen beim Außenräumen

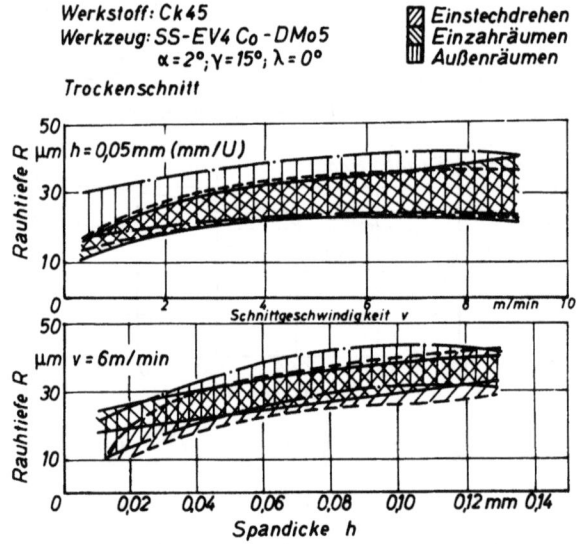

Abbildung 49

Vergleich der Rauhtiefenbereiche in Abhängigkeit von den Schnittbedingungen bei verschiedenen Zerspanverfahren

Aus diesem Grunde sind in Abbildung 49 die Streubereiche der Rauhtiefenwerte als Funktion von Schnittgeschwindigkeit und Spandicke (Vorschub, Zahnsteigung) für die drei Zerspanverfahren Einstechdrehen, Einzahn-

und Außenräumen verglichen. Im Mittel ergeben sich für alle drei Verfahren die gleichen Rauheitsbereiche, wobei die Bereiche für Einstechdrehen und Einzahnräumen bis auf geringfügige Unterschiede bei kleinen Spandikken recht gut übereinstimmen. Lediglich die Rauhtiefenbereiche für das Außenräumen sind zu größeren Werten etwas verbreitert, was jedoch darauf zurückzuführen ist, daß beim Außenräumen eine andere Schnellarbeitsstahlqualität (DMo5) verwendet wurde. Die Ergebnisse der Oberflächenuntersuchungen bei Verwendung verschiedener Schneidstoffe in Kapitel 5.22 bestätigen diese Annahme. Der Vergleich dieser Oberflächenrauheiten rechtfertigt damit die Möglichkeit, die Ergebnisse der analogen Einzahnuntersuchungen auf die mit mehrschneidigen, normalen Räumwerkzeugen erzielten zu übertragen. Es ist somit möglich, zur Festlegung der Schnittbedingungen für eine Räumoperation im Prüffeld Einzahnversuche anzustellen und von hier aus auf die Ergebnisse des eigentlichen Räumvorganges im Betrieb zu schließen.

Das Außen- und Innenräumen von Stahl erfolgt jedoch fast ausschließlich unter Zufuhr von Kühlschmiermitteln. Dabei werden im allgemeinen Schneidöle und Schneidöl-Emulsionen verwendet, wobei die Schneidöle als natürliche Mineralöle mit Fett- und ähnlichen Zusätzen oder als Sonderschneidöle mit Schwefel- und Chlor- bzw. sonstigen Hochdruckzusätzen eingesetzt werden. Aus diesem Grunde wurde der Einfluß eines handelsüblichen Schneidöles und einer Emulsion auf die Oberflächengüte im Vergleich zum Trockenschnitt bestimmt. Es ist bekannt, daß durch Zusatz von Chlor im Schneidöl die Oberflächenrauheit wesentlich verbessert werden kann, weil damit ein Zurückgehen der Aufbauschneidenbildung zusammenhängt. Aus diesem Grunde wurden außerdem noch Stichversuche bei Zufuhr von Tetrachlorkohlenstoff durchgeführt. Der Vergleich der Rauhtiefenbereiche für Einzahn- und Außenräumen in Abhängigkeit von der Schnittgeschwindigkeit und Spandicke ist in Abbildung 50 dargestellt.

In dem beim Räumen üblichen Schnittgeschwindigkeitsbereich liegt der Rauhtiefenbereich bei Zufuhr von Schneidöl insgesamt unter dem Streubereich des Trockenschnittes, so daß die Qualität der Oberfläche durch Zufuhr von Schneidöl zum Teil gesteigert werden kann. Bei Zufuhr von Emulsion wird demgegenüber die Rauhtiefe bei Schnittgeschwindigkeiten zwischen 1 und 3 m/min gegenüber dem Trockenschnitt wesentlich verringert und liegt bis etwa 6 m/min noch günstiger als bei Zufuhr von Schneidöl. Mit zunehmender Schnittgeschwindigkeit steigt die Rauhtiefe jedoch weiter an und überdeckt bei Geschwindigkeiten ab $v = 6$ m/min die Bereiche

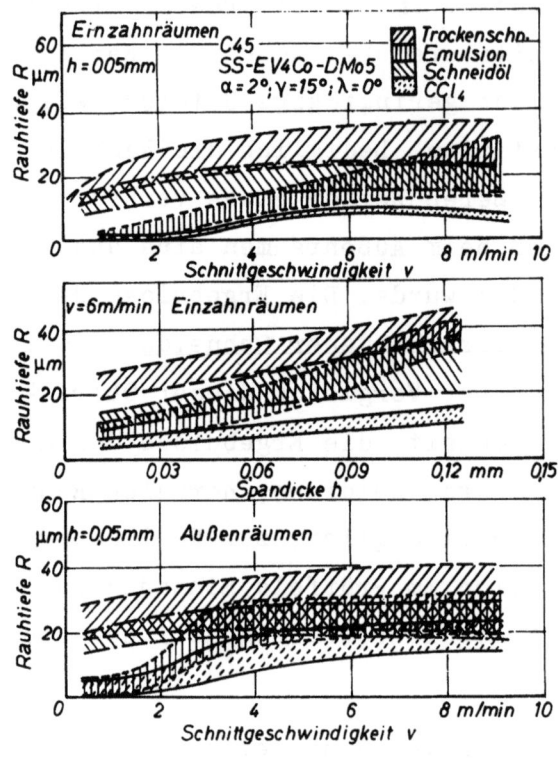

Abbildung 50

Vergleich der Rauhtiefenbereiche bei Zufuhr verschiedener
Kühlmittel beim Einzahn- und Außenräumen

des Schneidöles und späterhin auch die des Trockenschnittes. Dieser Rauheitsabfall bei niedrigen Schnittgeschwindigkeiten ist wahrscheinlich auf die stärkere Kühlwirkung der Emulsion zurückzuführen, wodurch die Aufbauschneidenbildung zunächst noch unterdrückt bzw. zumindest verringert wird. Gleichzeitig wird durch die Schneidflüssigkeit in diesem Bereich die Reibung und damit auch die Temperatur herabgesetzt. Der Beginn der Aufbauschneidenbildung und damit die Vergrößerung der Oberflächenrauheit wird in folgender Rangfolge zu höheren Schnittgeschwindigkeiten verschoben: Trockenschnitt, Schneidöl, Emulsion und Tetrachlorkohlenstoff. Bei Zufuhr von $CCl_4$ ergaben sich Rauhtiefen, die noch unterhalb oder an der unteren Grenze des Emulsionsbereiches lagen.

Beim Außenräumen wurden in Abhängigkeit von der Schnittgeschwindigkeit praktisch die gleichen Rauhtiefen erzielt, wobei bei Zufuhr von Emulsion die geringeren Rauheiten im Bereich niedriger Schnittgeschwindigkeiten deutlich erkennbar werden. Hierbei ist wiederum zu berücksichtigen, daß als Schneidstoff die Schnellarbeitsstahlqualität D Mo 5 verwendet wurde.

In Abhängigkeit von der Spandicke (Zahnsteigung) steigen die Rauhtiefen jeweils an. Auch hier liegen die Rauhtiefen bei Emulsionskühlung bei niedrigen Spandicken unter dem Bereich der Schneidölkühlung; oberhalb einer Spandicke h = 0,08 mm dagegen reichen sie über den Bereich der Schneidölkühlung in den Bereich des Trockenschnittes. Die Rauhtiefen bei Zufuhr von Tetrachlorkohlenstoff liegen bei allen Spandicken unterhalb der anderen Bereiche.

Ähnliche Unterschiede in der Oberflächenbeschaffenheit bei Zufuhr von Schneidöl und Emulsion ergaben sich beim Innenräumen des Vierkantes eines Automobil-Traghebels (Abb. 51). Während bei Emulsionskühlung die Rauhtiefe bei niedrigen Geschwindigkeiten wiederum geringere Werte zeigt als mit Schneidölkühlung, wird die Oberflächengüte bei höheren Schnittgeschwindigkeiten mit Emulsionskühlung schlechter als bei Zufuhr von Schneidöl.

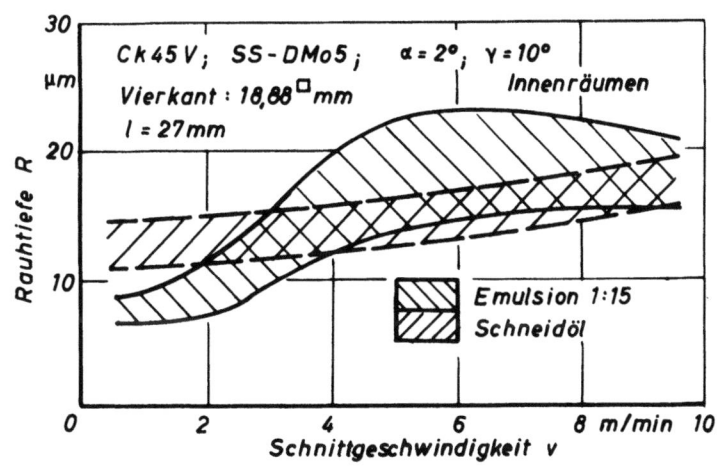

A b b i l d u n g   51

Oberflächenrauhtiefe in Abhängigkeit von der Schnittgeschwindigkeit bei Zufuhr verschiedener Kühlschmiermittel beim Innenräumen eines Vierkantes

Vor allen Dingen ergibt sich bei Schneidölkühlung ein recht gleichmäßiger Rauhtiefenbereich, der erst bei Schnittgeschwindigkeiten von 8 und 9 m/min den Rauhtiefenbereich für Emulsionskühlung erreicht.

Die Versuche beim Einzahn- und Außenräumen haben gezeigt, daß sich auch schon in den beim Räumen üblichen Bereichen niedriger Schnittgeschwindigkeiten und kleiner Spandicken (Zahnsteigungen) bei Zufuhr von Kühlschmiermitteln bemerkbare Unterschiede in der Ausbildung der Oberflächengestalt ergaben. Die jeweilige Anwendung der Kühlschmiermittel kann jedoch nur von Fall zu Fall entschieden werden, da sich der Einfluß der Schneidflüssigkeit nur dann auswirken kann, wenn damit eine Herabsetzung der Reibung und der Temperatur an der Schnittstelle und damit eine Unterdrückung der Aufbauschneide verbunden ist.

## 5.22 Einfluß des Werkstück- und Schneidwerkstoffes

Neben den Schnittbedingungen haben der zu bearbeitende Werkstoff und der Schneidstoff Einfluß auf die Ausbildung der Oberflächengestalt. Die Untersuchungen bezogen sich auf zwei sehr häufig durch Räumen bearbeitete Werkstoffe, den Einsatzstahl 16 MnCr 5 und den Vergütungsstahl C 45; daneben wurden Oberflächenuntersuchungen an Messing Ms 58 sowie an einem hochwarmfesten Werkstoff durchgeführt.

Die Oberflächenrauheit wurde in Abhängigkeit von der Schnittgeschwindigkeit sowohl beim Einzahn- als auch beim Außenräumen im Trockenschnitt ermittelt (Abb.52). Beim Einzahnräumen der beiden Stähle steigen die Rauhtiefen mit zunehmender Schnittgeschwindigkeit zwischen v = 1 und 4 m/min von R = 10 bis 20 µm an und bleiben bei den höheren Geschwindigkeiten in etwa konstant. Demgegenüber ist bei Messing ein leichter Abfall der Rauhtiefe mit wachsender Geschwindigkeit zu verzeichnen, wobei die Rauhtiefen selbst sehr niedrig liegen und Werte zwischen R = 0,5 und 8 µm annehmen. Für die Außenräumversuche an diesen Werkstoffen ergeben sich dieselben Tendenzen und die Rauhtiefen liegen in der gleichen Größenordnung. Die Rauhtiefenbereiche der beiden Stähle überdecken sich etwas, jedoch sind die Rauhtiefen bei Stahl 16 Mn Cr 5 höher als bei C 45. Daneben sind die Bereiche beim Außenräumen wiederum etwas breiter. Dieses ist einmal auf die andere Schnellarbeitsstahlqualität, zum anderen darauf zurückzuführen, daß die Werkstoffproben beim Außenräumen stirnseitig, d.h. quer zur Walzrichtung, und beim Einzahnräumen in Walzrichtung bearbeitet wurden. Die Oberflächenuntersuchungen an diesen Werkstoffen zeigen bestimmte Unterschiede in der ermittelten Rauhtiefe, die sowohl auf die chemische Zusammensetzung als auch auf die Gefügeausbildung und Festigkeit des Werkstoffes zurückzuführen sind, wobei die größeren Rauhtiefen beim Stahl 16 Mn Cr 5 durch die stärkere Aufbauschneidenbildung hervorgerufen wird. Diese Tatsache wirft jedoch die Frage auf, wie die Oberflächengestalt beim Räumen eines Stahles verschiedener Gefügeausbildung und Festigkeit, d.h. unterschiedlicher Wärmebehandlung, ausfallen wird.

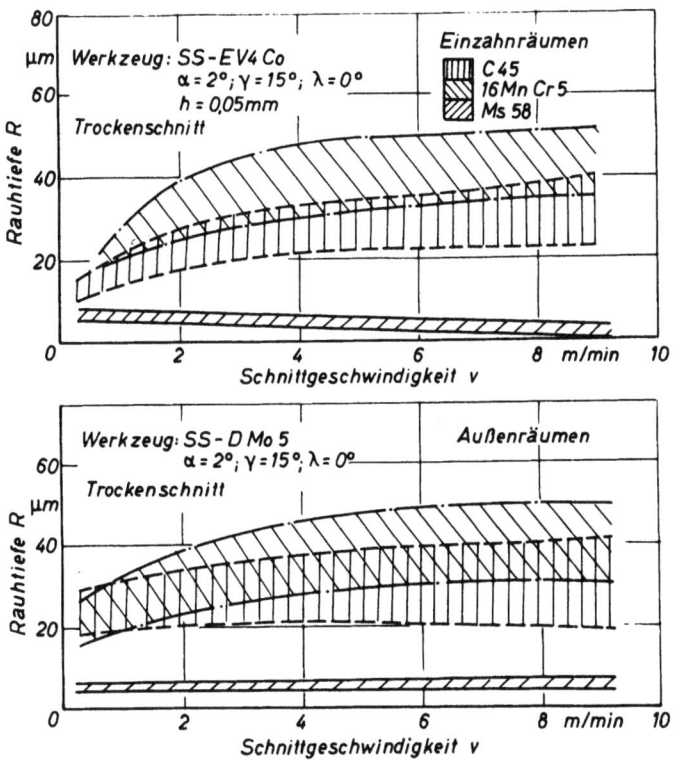

Abbildung 52
Vergleich der Rauhtiefenbereiche beim Einzahn-
und Außenräumen verschiedener Werkstoffe

Aus diesem Grunde wurden Werkstoffproben aus Stahl C 45 verschiedener Wärmebehandlung geräumt und die Oberflächengestalt untersucht (s. Tab.4). Abbildung 53 gibt die erzielten Oberflächenrauhtiefen in Abhängigkeit von Schnittgeschwindigkeit und Spandicke beim Einzahnräumen wieder. Eine deutliche Differenzierung der Rauhtiefenbereiche ergibt sich erst bei größeren Spandicken, jedoch zeigt auch bei der Schnittgeschwindigkeitsreihe die Probe mit der Wärmebehandlung $V_2$ (vergütet 860°/Öl → 530°/1h) im Bereich mittlerer Geschwindigkeiten die größten Rauhtiefen.

Neben dem zu räumenden Werkstoff hat auch der Schneidwerkstoff einen bestimmten Einfluß auf die Oberflächenausbildung. Beim Räumen werden heutzutage in der Regel Schnellarbeitsstähle zur Herstellung der Räumwerkzeuge bevorzugt. Da jedoch neben verschiedenen Schnellarbeitsstahl-Qualitäten in letzter Zeit auch Hartmetalle beim Räumen Verwendung finden, sind auch Stellite (gegossene Hartmetalle) und gesinterte Hartmetalle in die Untersuchungen mit einbezogen worden. Wegen des unterbrochenen Schnittes wurde die zähe Hartmetall-Sorte M 40 gewählt, jedoch müßte für Räumbedingungen auch die Qualität K 10 ausreichen.

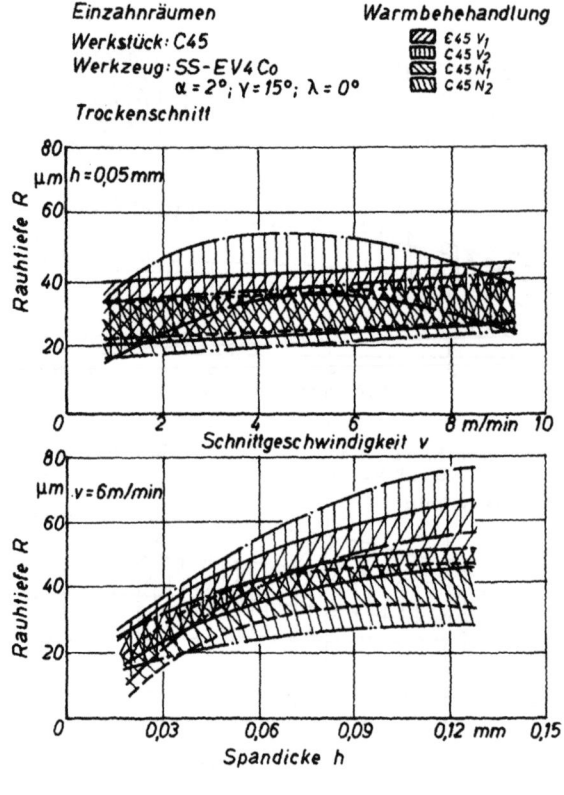

Abbildung 53

Vergleich der Rauhtiefenbereiche für verschiedene Gefügezustände
des Stahles C 45 beim Einzahnräumen

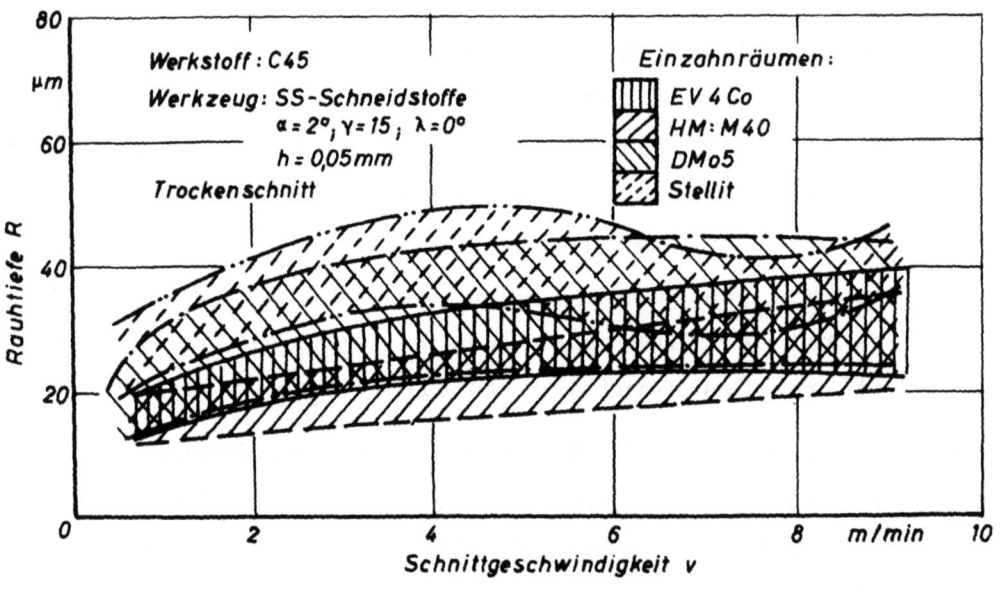

Abbildung 54

Vergleich der Rauhtiefenbereiche beim Einzahnräumen
von Stahl C 45 mit verschiedenen Schneidstoffen

Den Vergleich der Rauhtiefenbereiche beim Einzahnräumen gibt Abbildung 54 wieder. Das Rauheitsband für den Schnellarbeitsstahl EV4Co liegt an der unteren Grenze innerhalb des DMo 5-Bereiches. Die gegenüber DMo 5 geringere Rauheit mag auf die bessere Kantenfestigkeit des SS-EV4Co zurückzuführen sein. Bei Verwendung von Stellit ergeben sich zum Teil wesentlich höhere Rauhtiefen als bei Schnellarbeitsstahl. Dieses liegt einmal daran, daß die Kantenfestigkeit der Stellite sehr gering ist und zum anderen die Schneide sich sehr schwer feinschleifen läßt, da äußerst leicht Ausbrüche auftreten. Weiterhin trat schon nach kurzen Räumwegen Verschleiß auf der Freifläche auf. Aus diesem Grunde mußte schon innerhalb der Versuchsreihe bei v = 7 m/min ein neues geschärftes Werkzeug eingesetzt werden. Die dadurch zunächst niedrige Rauheit nimmt bei höherer Schnittgeschwindigkeit jedoch sofort wieder zu. Der hohe Verschleiß der Stellit-Schneidplatte erklärt sich allein schon aus der niedrigen Härte ($H_v$ = 824 kg/mm$^2$ ≙ 62 bis 63 $HR_c$). Stellit ist in dieser Art daher für die Räumbearbeitung nicht zu verwenden.

Bei Einsatz von Hartmetall M 40 als Schneidstoff ergibt sich eine in etwa lineare Zunahme der Rauhtiefe mit wachsender Schnittgeschwindigkeit. Der Rauhtiefenbereich deckt sich größtenteils mit dem des Schnellarbeitsstahles E V 4 Co, nur die untere Grenze des Streubereiches liegt etwas unterhalb des E V 4 Co-Bereiches.

Wenn auch die erzielbaren Oberflächenrauheiten bei Einsatz von Hartmetall zum Teil niedriger oder gleichwertig mit Schnellarbeitsstahl liegen, so treten durch das häufigere Anschneiden beim unterbrochenen Schnitt leicht Schneidkantenausbrüche auf, die eine stärkere Riefenbildung auf der geräumten Oberfläche zur Folge haben. Darüber hinaus muß dieses Ergebnis natürlich als Einzelergebnis angesehen werden und kann keine Rückschlüsse auf die grundsätzliche Verwendung von Hartmetall zulassen. Der Einsatz von Werkzeugen mit Hartmetallschneiden wird sich weiterhin erst wirtschaftlich gestalten, wenn höhere Schnittgeschwindigkeiten an der Räummaschine möglich sind. Dann erst können die Eigenschaften des Hartmetalls (hohe Härte und Verschleißfestigkeit bei genügender Zähigkeit und Warmfestigkeit) ausgenutzt werden.

### 5.23 Einfluß der Schneidengeometrie

Entsprechend der Ausbildung der Schuppen auf der Oberfläche des Werkstückes wirkt sich auch die Gestaltung und Schneidengeometrie des Räumwerkzeuges auf die Oberflächengüte aus. In Abbildung 55 sind die Rauhtiefen beim Außenräumen von Stahl C 45 sowohl als Funktion des Spanwinkels als auch für verschiedene Frei- und Neigungswinkel aufgetragen.

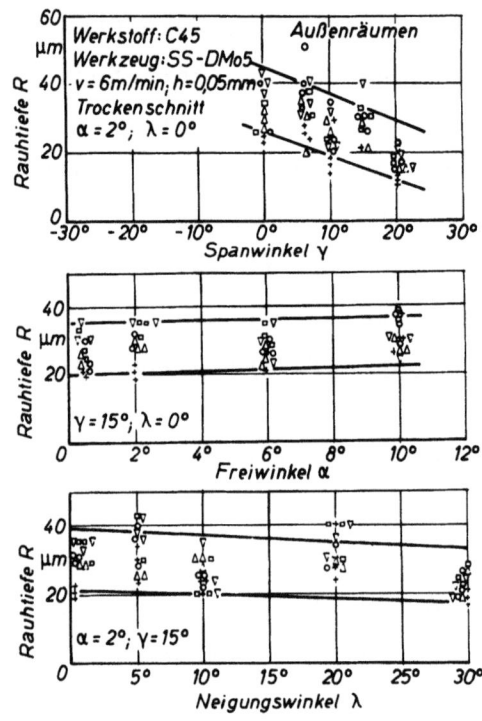

Abbildung 55

Rauhtiefen in Abhängigkeit von Span-, Frei- und
Neigungswinkel beim Außenräumen

Die Rauhtiefe nimmt entsprechend der zunehmenden Schuppenzahl mit größer werdendem Spanwinkel ab. Frei- und Neigungswinkel haben auch hier keinen Einfluß auf die Ausbildung der Oberfläche. Die Rauhtiefenbereiche bleiben praktisch konstant.

In Abbildung 56 sind die erzielbaren Rauhtiefenbereiche für die einzelnen Zerspanverfahren verglichen. Es wird deutlich, daß auch hier etwa die gleichen Oberflächen mit den verschiedenen Verfahren erzielt werden können, wobei die Grenzen der Bereiche zu größeren oder kleineren Rauhtiefenwerten etwas voneinander abweichen können.

### 5.24 Einfluß der Schneidenabstumpfung

Mit zunehmender Zahl der geräumten Werkstücke, d.h. mit größer werdendem Gesamträumweg, wächst der Verschleiß an den Schneiden des Räumwerkzeuges. Da sich der Verschleiß außer als Freiflächen- und Spanflächenverschleiß auch in der Zunahme der Schneidkantenabrundung bemerkbar macht, wurde die Oberflächenausbildung einmal in Abhängigkeit von der Schneidkantenabrundung, zum anderen als Funktion des Räum- bzw. Schnittweges bestimmt. Dabei wurden die Versuche an verschiedenen Werkstoffen und mit unter-

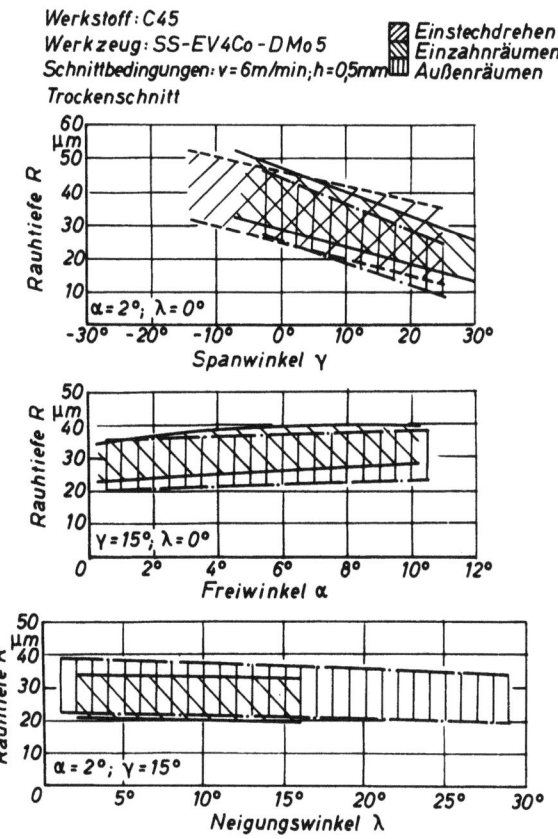

Abbildung 56

Vergleich der Rauhtiefenbereiche in Abhängigkeit von der Schneidengeometrie beim Einstechdrehen, Einzahn- und Außenräumen

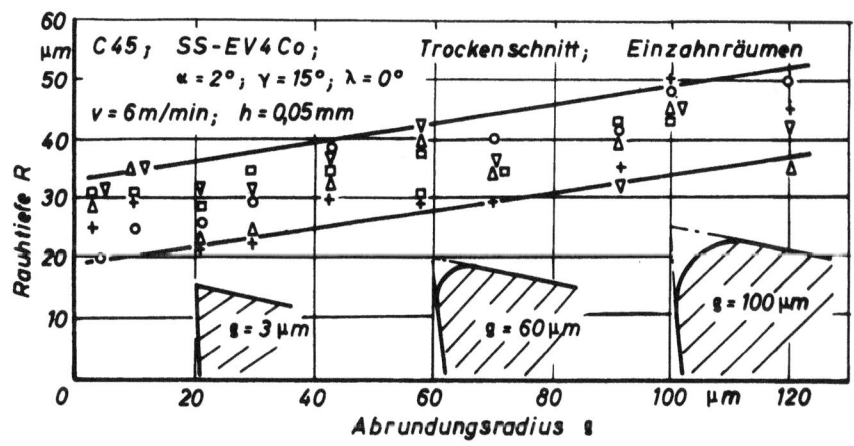

Abbildung 57

Rauhtiefe in Abhängigkeit vom Schneidkantenabrundungsradius beim Einzahnräumen von Stahl C 45

schiedlicher Schneidengeometrie durchgeführt, um aus diesen Langzeit= versuchen mit Hilfe der mathematischen Statistik eine Bestätigung der in Kapitel 5.3 dargelegten Ergebnisse über den Einfluß der Schneidengeometrie zu finden.

Zunächst wurde beim Einstechdrehen und Einzahnräumen die Oberflächenrauheit in Abhängigkeit vom Schneidkantenabrundungsradius $\varrho$ ermittelt. Die abgestumpfte abgerundete Schneidkante wurde einmal durch natürlichen Verschleiß beim Einstechdrehen, zum anderen mit einem Abziehstein von Hand erzeugt. Hierbei entstanden Abrundungsradien zwischen $\varrho$ = 5 und 120 $\mu$m und größer. Der Abbildung 57 ist zu entnehmen, daß die Rauhtiefe mit zunehmendem Schneidkantenabrundungsradius ansteigt.

Während bei frisch geschliffenen Werkzeugen Rauhtiefen zwischen R = 20 und 32 $\mu$m vorlagen, stiegen diese bei $\varrho$ = 58 $\mu$m auf R = 30 bis 41 $\mu$m und bei $\varrho$ = 120 $\mu$m auf Rauhtiefen von 35 bis 50 $\mu$m an.

Da bei derartigen Schneidenabstumpfungen Spandicke und Abrundungsradius in der gleichen Größenordnung liegen, wird die Oberfläche vornehmlich bei kleinen Spandicken und großen Abrundungen, d.h. mit größer werdendem Verhältnis $\varrho$/h, schlechter. In Abbildung 58 ist die Rauhtiefe R als Funktion der Spandicke h für Werkzeuge mit verschiedenen Schneidkantenabrundungen wiedergegeben. Der jeweilige Kurvenverlauf entspricht dem

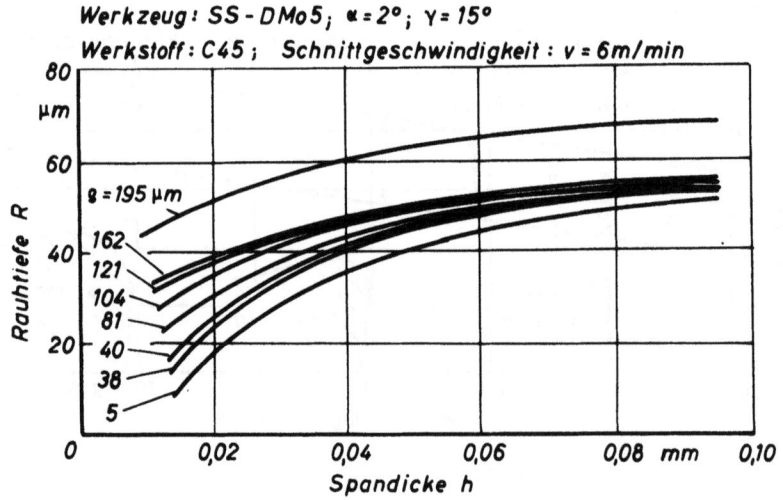

A b b i l d u n g   58
Rauhtiefe in Abhängigkeit von Spandicke und Schneidkantenabrundung

bereits ermittelten Verlauf der Rauhtiefe in Abhängigkeit von der Spandicke, jedoch nimmt die Oberflächenrauheit mit größer werdendem Abstumpfungsverhältnis $\varrho/h$ zu. In besonderem Maße vergrößert sich die Rauhtiefe bei sehr geringen Spandicken. Dieses besagt, daß bei Schlichtoperationen schon eine geringe Schneidenabrundung eine beträchtliche Verschlechterung der Oberfläche nach sich ziehen kann.

Nachdem die Oberflächengüte als Funktion der Schneidkantenabrundung bestimmt wurde, besteht die Frage, in welchen Grenzen die Rauhtiefe mit zunehmendem Räumweg entsprechend größer wird und die Schneidenabstumpfung anwächst. Hierzu wurden bei den in Kapitel 4.22 beschriebenen Einstechverschleißversuchen mit Emulsionskühlung neben der Verschleißmarkenbreite B und dem Schneidkantenabrundungsradius $\varrho$ auch die erzielten Oberflächenrauhtiefen bestimmt. Der Verlauf der Rauhtiefe über dem Räumweg (Abb. 59) entspricht dem der Schneidkantenabrundung. Zunächst steigt die Rauhtiefe von R = 15 µm an, fällt nach einem Maximum von R = 25 µm bei w = 30 m Räumweg entsprechend dem Verlauf der Kantenabrundung (Abb. 25), wieder auf den Ausgangswert ab und steigt ab w = 100 m mit zunehmendem Räumweg leicht an. Da die Untersuchungen mit Emulsionskühlung

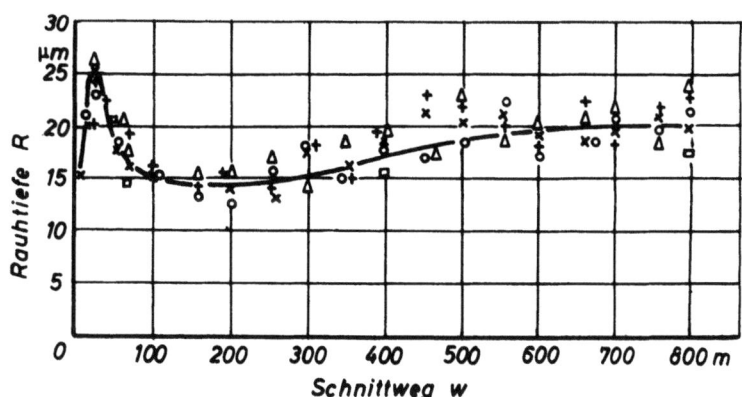

Abbildung 59
Rauhtiefe in Abhängigkeit vom Schnittweg
beim Einstechdrehen von Stahl Ck 45

durchgeführt wurden, ist die Aufbauschneidenbildung gegenüber dem Trockenschnitt vermindert, so daß die eigentliche Schneidkante die Gestalt der Oberfläche in stärkerem Maße beeinflussen kann.

Um auch beim eigentlichen Räumvorgang die Veränderung der Oberfläche mit größer werdendem Räumweg zu ermitteln, wurden Langzeitversuche beim Außenräumen bei verschiedenen Werkstoffen durchgeführt. Für die Außenräumversuche an Stahl 16 Mn Cr 5 wurden dabei die Rauhtiefen in Abhängigkeit vom Gesamträumweg bestimmt, wobei zur Erlangung einer höheren statistischen Aussagesicherheit jeweils drei aufeinanderfolgende Proben an den in Abbildung 43 bezeichneten Stellen ausgemessen wurden.

Bei der Darstellung der Ergebnisse sind jeweils die Werte für die Einlaufkoordinate nicht berücksichtigt. Sowohl bei den Schrupp- als auch bei den Schlichtversuchen (Abb. 60 bis 62) ergab sich ein Ansteigen der Rauhtiefe mit zunehmendem Räumweg. Dabei wurden der Anstieg der Rauhtiefe R in bezug auf den Räumweg w bei unterschiedlichen Schnittbedingungen aus dem jeweiligen Stichprobenumfang der Grundgesamtheit der Meßergebnisse mit Hilfe der linearen Regression ermittelt.

Der Beweis, daß die lineare Regression in diesem Falle angewendet werden kann, wurde auf Grund der t-Verteilung erbracht. Die Gleichung der Regressionsgeraden lautet:

$$R = \bar{R} + b(w - \bar{w}).$$

Darin bedeuten:

$\bar{R}$ = durchschnittliche Rauhtiefe aus sämtlichen Meßwerten des Stichprobenumfanges der Grundgesamtheit,

$\bar{w}$ = durchschnittlicher Räumweg, bestimmt aus allen Meßwerten des Stichprobenumfanges der Grundgesamtheit,

$b$ = Regressions-Koeffizient.

Der Regressions-Koeffizient gibt das Steigungsmaß der Regressionsgeraden an und errechnet sich aus

$$b = \frac{\sum_{i=1}^{N} R_i \cdot W_i - \frac{1}{N} \sum_{i=1}^{N} R_i \cdot \sum_{i=1}^{N} W_i}{W_i^2 - \frac{1}{N} (\sum W_i)^2}.$$

Hierbei ist N = Anzahl der Stichproben (Meßwerte).

In Abbildung 60 sind als Beispiel für den Schruppversuch sämtliche Rauhtiefenwerte in Abhängigkeit vom Räumweg aufgetragen. Hierzu wurden die Rauhtiefen zu Anfang der Versuchsreihe in kürzeren Räumwegabständen ermittelt, um den Einlaufbereich näher zu verfolgen. Für sämtliche Meßpunkte aus dem Stichprobenumfang der Grundgesamtheit wurden die Gleichungen

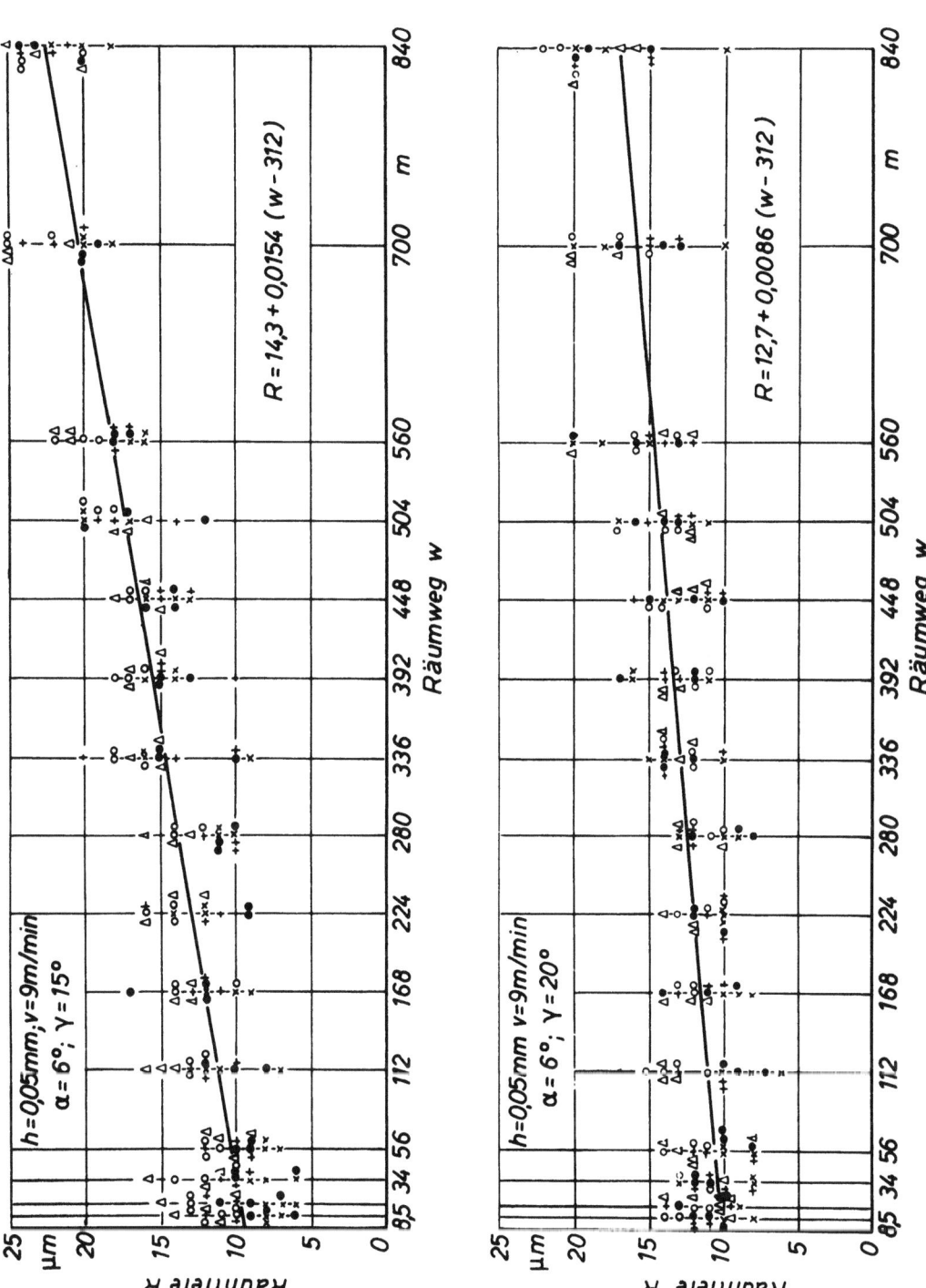

Abbildung 60

Oberflächen-Rauhtiefe in Abhängigkeit vom Räumweg beim Außenräumen von Stahl 16 MnCr 5

Seite 73

der Regressionsgeraden errechnet und der Verlauf der Geraden in die Diagramme eingezeichnet. Die Regressionsgeraden sollen hier lediglich das Ansteigen der Rauhtiefenwerte verdeutlichen. Darüber hinaus erkennt man ein leichtes Schwanken der Rauhtiefenwerte um die Regressionsgeraden.

Die Außenräumversuche an Stahl 16 MnCr 5 wurden bei Zahnsteigungen h = 0,02 und 0,05 mm mit einer Schnittgeschwindigkeit v = 9 m/min bei Zufuhr von Schneidöl durchgeführt. Sowohl für Schlicht- als auch für Schruppwerkzeuge wurden Freiwinkel von $\alpha = 6°$ und $10°$ und Spanwinkel von $\gamma = 15°$ und $20°$ angeschliffen. Um einen Vergleich dieser Ergebnisse zu ermöglichen, wurde der Anfangs- und Endbereich nicht berücksichtigt und nur die Rauhtiefenwerte für den gleichen Räumwegbereich von w = 56 bis 560 m in die Betrachtung einbezogen (Abb. 61 und 62).

Außer der Gleichung der Regressionsgeraden wurde der Vertrauensbereich des Mittelwertes und der Streubereich der Rauhtiefenwerte errechnet. In dem $\pm \sigma$-Streubereich kann dabei entsprechend einer normalen Häufigkeitsverteilung 68 % aller Werte angenommen werden. Darüber hinaus wurde der Rauheitsbereich in gleich große Klassen eingeteilt und die Häufigkeitsverteilung ermittelt. Diese Verteilung ist links vom jeweiligen Diagramm aufgetragen und kann hier als normalverteilt angenommen werden, da sich in den Darstellungen etwa symmetrische Verteilungen der Rauhtiefenwerte ergeben. Mit Hilfe der statistischen Auswertung kann entschieden werden, ob ein gesicherter Einfluß der jeweiligen Parameter vorhanden ist.

Beim Vergleich dieser Verteilungen für $\gamma = 15°$ und $20°$ in Abbildung 61 ergibt sich für $\gamma = 15°$ ein größerer Streubereich als für einen Spanwinkel von $\gamma = 20°$.

Weiterhin wurde eine Klasseneinteilung der Rauhtiefenwerte parallel zur Regressionsgeraden vorgenommen (Abb. 61 oben). Bei dieser Verteilung, der sogenannten "Restverteilung" (nach WARTMANN [73]) ordnen sich zahlenmäßig mehr Meßwerte in die mittleren Klassen ein, so daß sie einen kleineren Bereich überdeckt. Durch Unregelmäßigkeiten in der Messung und subjektive Einflüsse beim Auswerten können gewisse Verschiebungen innerhalb der Verteilung auftreten (vergl. Abb. 61) unten rechts).
Da bei den Schlichtversuchen auf Grund der geringen Zahnsteigung insgesamt niedrigere Rauhtiefen entstehen, ordnet sich die Mehrzahl der Meßpunkte hierbei stärker in die mittleren Klassen ein, denn die Klassenbreite wird relativ zur absoluten Rauhtiefe größer.

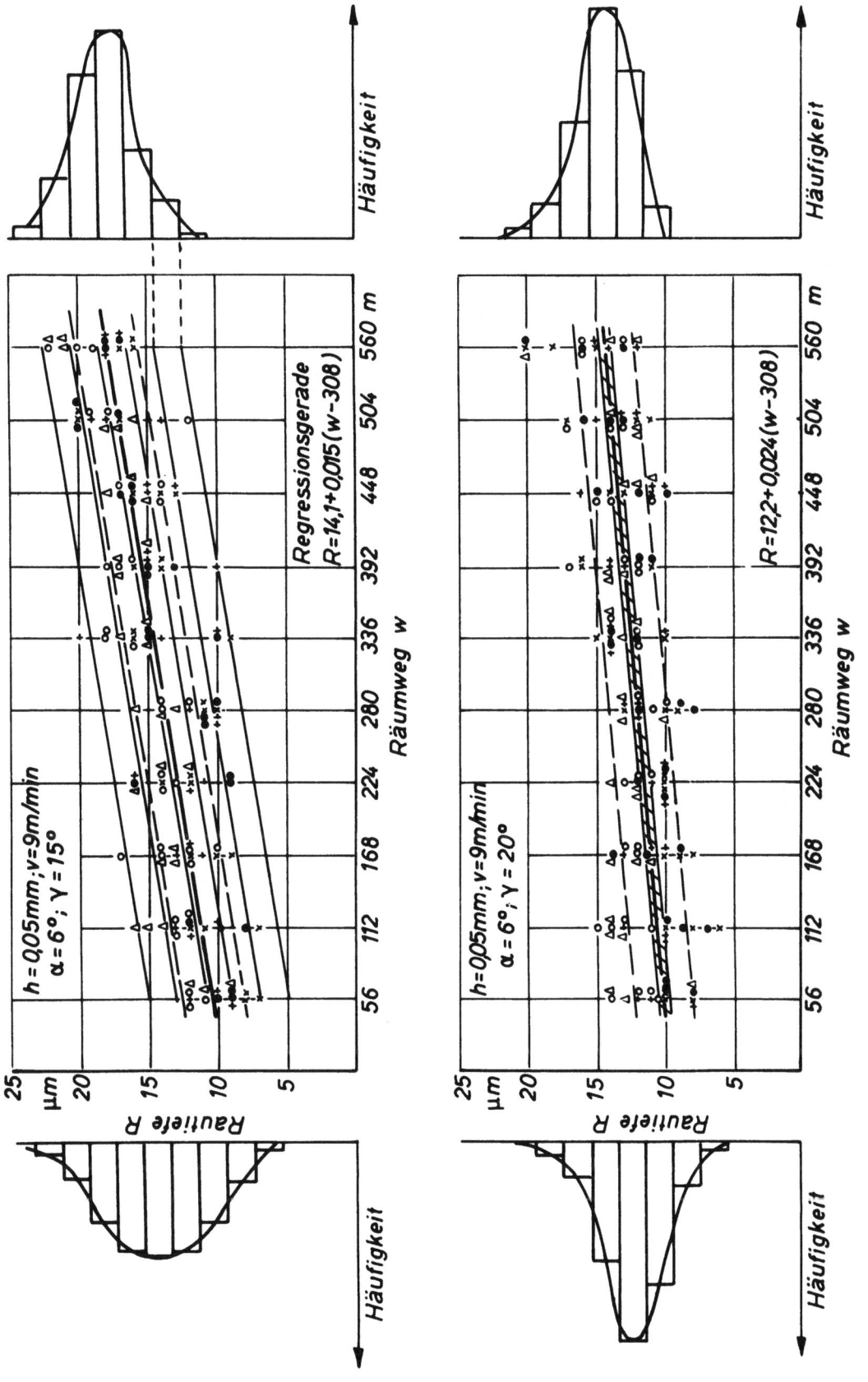

Abbildung 61
Oberflächen-Rauhtiefe in Abhängigkeit vom Räumweg
beim Außenräumen von Stahl 16 MnCr 5

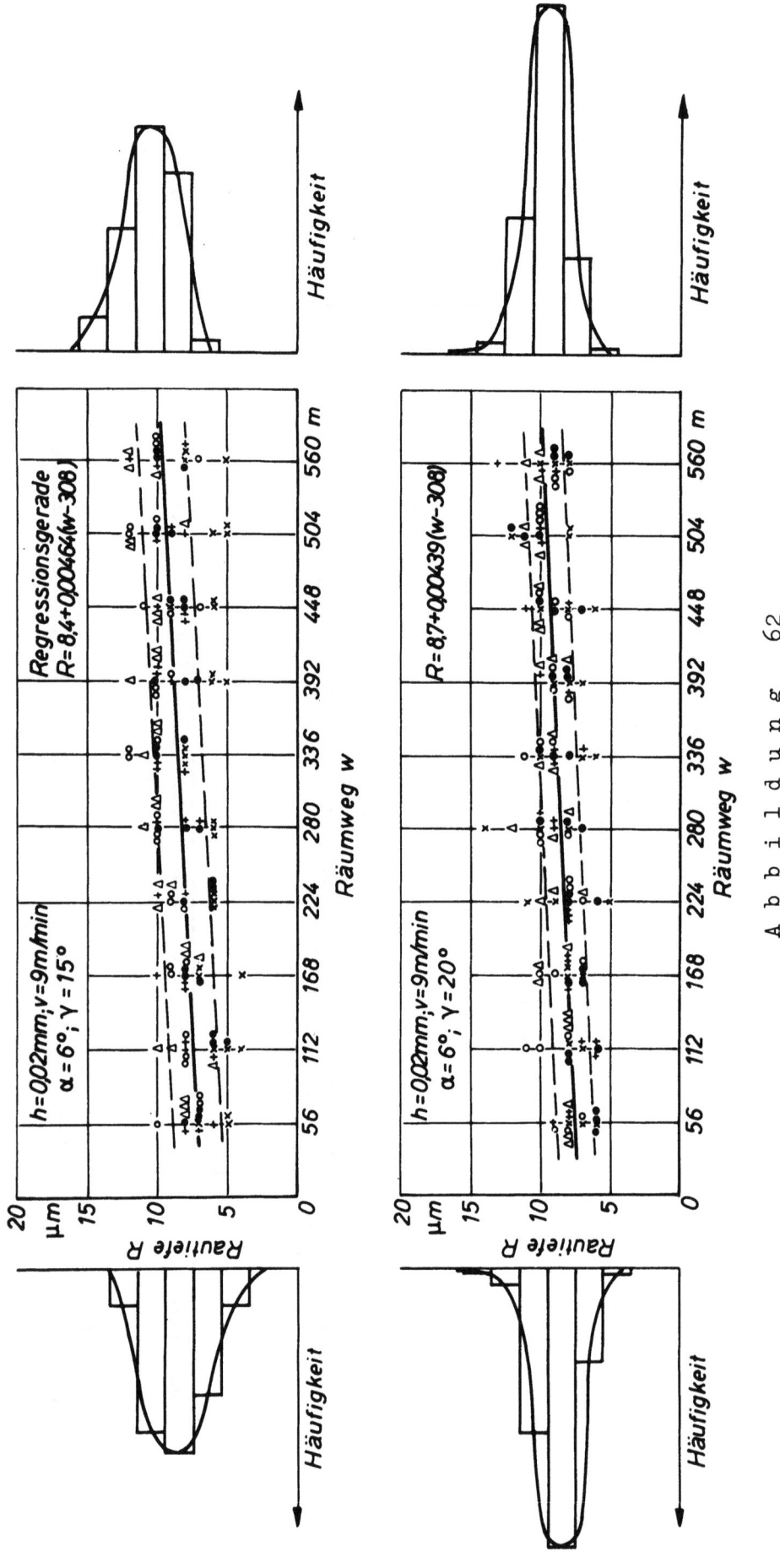

Abbildung 62

Oberflächen-Rauhtiefe in Abhängigkeit vom Räumweg
beim Außenräumen von Stahl 16 MnCr 5

Um aus diesen Versuchen eine Grundlage zur Ermittlung einer optimalen Schneidengeometrie zu erhalten, war es erforderlich, die jeweiligen Regressionsgeraden mit den Vertrauensbereichen ihrer Mittelwerte zu kennen. Nach der mathematischen Statistik sind zwei Werte voneinander gesichert verschieden, wenn sich die Vertrauensbereiche ihrer Mittelwerte mit hoher Wahrscheinlichkeit nicht überdecken. In Tabelle 5 sind sämtliche Regressionsgeraden wiedergegeben, wobei das Steigungsmaß dieser Geraden, d.h. der Regressions-Koeffizient, aus den jeweiligen Gleichungen zu entnehmen ist. Weiterhin sind die Vertrauensbereiche der Mittelwerte der beiden Häufigkeitsverteilungen für den gültigen Räumwegbereich angegeben.

### Tabelle 5

Regressionsgeraden und Vertrauensbereiche der Mittelwerte zu den Häufigkeitsverteilungen der Rauhtiefenwerte in Abhängigkeit vom Räumweg beim Außenräumen von Stahl 16 Mn Cr 5

| Schnittbedingungen | | | | Gleichungen der Regressionsgeraden $R = \bar{R} + b(w - \bar{w})$ | Vertrauensbereiche der Mittelwerte | | Gültig. Bereich der Räumwege |
|---|---|---|---|---|---|---|---|
| $\alpha$ [°] | $\gamma$ [°] | h mm | v m/min | | $v_N$ μm | $v_R$ μm | |
| 6  | 15 | 0,02 | 9 | $R = 8,4 + 0,00464$ | 8,1–8,7 | 9,3–9,9 | 56–560 m |
| 2  | 20 | 0,02 | 9 | $R = 8,7 + 0,00439$ | 8,5–9,0 | 9,6–10,0 | 56–560 m |
| 10 | 15 | 0,02 | 9 | $R = 8,2 + 0,0063 \cdot (w - 308)$ | 7,7–8,7 | 9,5–10,1 | 56–560 m |
| 10 | 20 | 0,02 | 9 | $R = 5,8 + 0,0032 \cdot (w - 308)$ | 5,6–6,0 | 6,4–6,8 | 56–560 m |
| 2  | 10 | 0,05 | 9 | $R = 21,8 + 0,019 \cdot (w - 308)$ | 20,8–22,8 | 25,8–27,4 | 56–560 m |
| 6  | 15 | 0,05 | 9 | $R = 14,1 + 0,015 \cdot (w - 308)$ | 13,6–14,6 | 17,6–18,3 | 56–560 m |
| 6  | 20 | 0,05 | 9 | $R = 12,2 + 0,024 \cdot (w - 308)$ | 11,7–12,7 | 14,0–14,7 | 56–560 m |
| 10 | 15 | 0,05 | 9 | $R = 14,4 + 0,012 \cdot (w - 308)$ | 13,9–14,9 | 17,0–17,7 | 56–560 m |
| 10 | 20 | 0,05 | 9 | $R = 15,5 + 0,012 \cdot (w - 308)$ | 14,9–16,1 | 18,1–18,9 | 56–560 m |

Zum Vergleich sind in Abbildung 63 für die angeführten Versuchsreihen die Häufigkeitsverteilungen mit dem jeweiligen Vertrauensbereich der Mittelwerte nach dem Räumweg w = 560 m wiedergegeben. Hieraus läßt sich entnehmen, daß für einen Freiwinkel $\alpha = 6°$ durch Vergrößerung des Spanwinkels von $\gamma = 15°$ auf $20°$ die Oberflächenrauheit abnimmt. Da die Vertrauensbereiche der beiden Mittelwerte weit auseinander liegen, sind die Unterschiede der Rauheiten mit hoher Wahrscheinlichkeit gesichert.

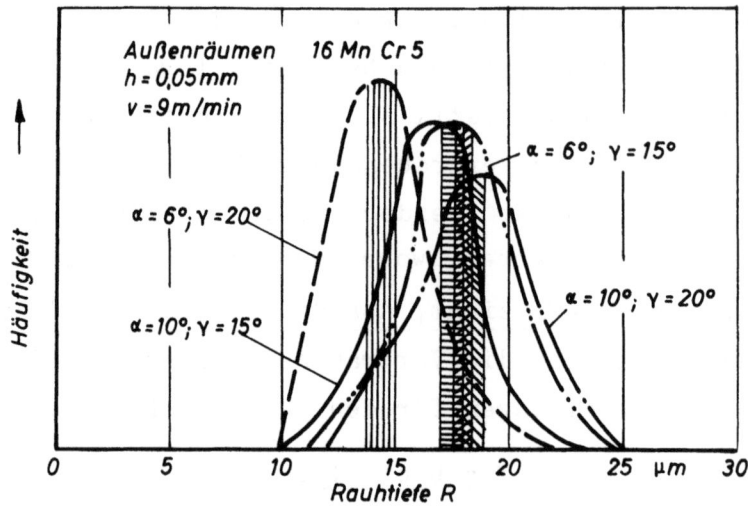

Abbildung 63

Vergleich der Häufigkeitsverteilungen der Rauhtiefenwerte in Abhängigkeit vom Räumweg beim Außenräumen von Stahl 16 MnCr 5

Eine zusätzliche mathematische Überprüfung mit Hilfe der t-Verteilung bestätigte diese Annahme. Wird dagegen bei einem Spanwinkel $\gamma = 15°$ der Freiwinkel von $\alpha = 6°$ auf $10°$ vergrößert, so hat dieses keinen wesentlichen Einfluß auf die Ausbildung der Oberfläche, was sich mathematisch dadurch bestätigt, daß die Vertrauensbereiche der beiden Mittelwerte sich überdecken und keinen gesicherten Unterschied ergeben (vergl. Tab. 5). Dieses Ergebnis bestätigt die in Kapitel 5.23 angeführten Untersuchungen über den Einfluß der Schneidengeometrie, in welchen auch keine Abhängigkeit der Rauheit vom Freiwinkel festgestellt werden konnte. Schließlich wurde bei diesen Außenräumversuchen neben dem Freiwinkel $\alpha = 10°$ auch noch ein Spanwinkel von $\gamma = 20°$ angeschliffen. Hierbei ergibt sich jedoch keine weitere Verbesserung der Oberflächengüte, vielmehr wird die Qualität der Oberfläche wieder schlechter. Diese Abnahme der Oberflächenqualität ist wahrscheinlich auf eine zu starke Schwächung des Schneidkeiles zurückzuführen, da der Keilwinkel bei $\alpha = 10°$ und $\gamma = 20°$ nur noch $\beta = 60°$ beträgt. Bei den Schlichtversuchen (Zahnsteigung h = 0,02 mm) ergeben sich die gleichen Tendenzen, nur tritt bei Vergrößerung des Spanwinkels auf $\gamma = 20°$ bei gleichzeitig großem Freiwinkel eine weitere Oberflächenverbesserung ein. Dieses mag mit einer weniger großen Beanspruchung der Schneide zusammenhängen. Die Oberflächen-Rauhtiefen liegen bei dieser geringen Zahnsteigung wesentlich niedriger als beim Schruppvorgang. So können mit der Schneidengeometrie

$\alpha = 6°$ und $\gamma = 20°$ Rauhtiefen zwischen R = 6 bis 9 μm bei einem Räumweg w = 56 m und R = 8 bis 11 μm bei w = 560 m erzielt werden.

Neben diesen Schrupp- und Schlichtversuchen wurden beim Außenräumen auch Schruppversuche (h = 0,05 mm; $\alpha = 2°$; $\gamma = 10°$) mit nitrierten Werkzeugen durchgeführt, bei denen jedoch größere Rauheiten auftraten als bei den eben geschilderten Versuchen mit normalen Werkzeugen. Die Nitrierschichten platzten bei der stoßartigen Belastung der Schneide leicht ab. In Verbindung mit einer Freiflächenfase ergaben sich dagegen beim nitrierten Werkzeug etwas niedrigere Rauhtiefenwerte. Da aber durch den leicht negativen Freiwinkel der Fase größere Flächendrücke und Zugkräfte entstehen, sieht man heute im allgemeinen vom Anschleifen einer derartigen Fase an der Freifläche ganz ab.

Schließlich wurde beim Außenräumen auch ein kombiniertes Schrupp- und Schlichtwerkzeug eingesetzt: nach 7 Zähnen mit der Steigung h = 0,05 mm folgten 2 Zähne mit einer Zahnsteigung h = 0,02 mm. Durch die Schlichtzähne soll die von den Schruppzähnen vorbearbeitete Oberfläche verbessert werden. Die Ergebnisse konnten diese Annahme bestätigen. Die Rauhtiefen lagen beim Vergleich zwischen denen der Schlicht- und Schruppversuche.

Neben diesen Untersuchungen beim Außenräumen an Einsatzstahl 16 Mn Cr 5 wurden auch Versuche an Vergütungsstahl C 45 und einem hochwarmfesten Turbinenschaufelwerkstoff durchgeführt, wobei verschiedene Schnellarbeitsstahlqualitäten Verwendung fanden. Bei Verwendung von Schnellarbeitsstahl der Qualität B Mo 9 liegen die Rauhtiefen bei sehr niedrigen Räumwegen geringfügig tiefer, nehmen jedoch dann mit größer werdendem Räumweg stärker zu als beim Einsatz von SS-D Mo 5. Im Durchschnitt werden mit beiden Schneidstoffqualitäten gleiche Oberflächen erzeugt, wobei die Rauhtiefen für den Schneidstoff SS-D Mo 5 allerdings an der unteren Grenze des Rauhtiefenbereiches liegen. Für die Versuchsreihe mit SS-BMo 9 sind in Abbildung 64 einige fotografische Aufnahmen der geräumten Oberflächen wiedergegeben, um die Veränderung der Oberfläche anschaulich darzustellen. Man erkennt die allmählich stärker werdende Schuppen- und Riefenbildung, wodurch wiederum die Querrauheit der Probe beeinflußt wird.

Die Untersuchungen beim Außenräumen des hochwarmfesten Werkstoffes wurden nur bis zu Räumwegen von w = 10 m durchgeführt, da bereits nach 10 m Räumweg ein verhältnismäßig hoher Freiflächenverschleiß auftrat. In

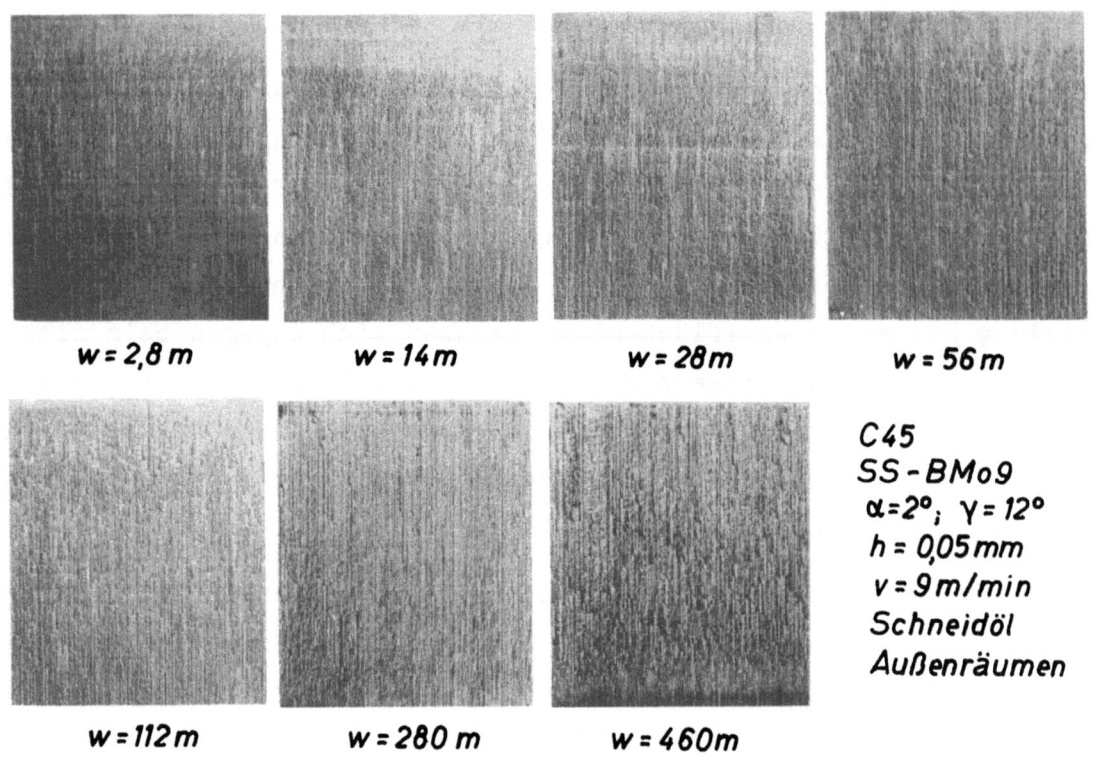

Abbildung 64

Oberflächenaufnahmen bei verschiedenen Räumwegen beim Außenräumen von Stahl C 45

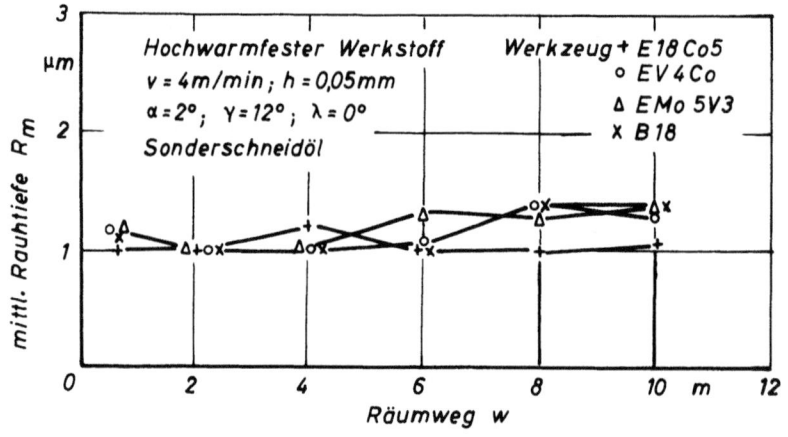

Abbildung 65

Mittlere Rauhtiefe als Funktion vom Räumweg beim Außenräumen eines hochwarmfesten Werkstoffes

Abbildung 65 sind die Mittelwerte der Rauhtiefen einer jeden Probe für verschiedene Schnellarbeitsstähle über dem Räumweg aufgetragen und die Meßpunkte miteinander verbunden. Die Streuung der Meßwerte über die

Probenlänge war dabei sehr gering. Für das Außenräumen dieses zähharten hochwarmfesten Werkstoffes, welches unter Zufuhr eines Sonderschneidöles mit Hochdruckzusätzen durchgeführt wurde, liegen die Rauhtiefen unabhängig von den Schnittbedingungen, der Schneidengeometrie und des Schneidstoffes im Bereich zwischen R = 1 bis 2 µm. Mit größer werdendem Räumweg ist in dem hier untersuchten Bereich nur ein sehr geringfügiges Ansteigen der Rauheit festzustellen.

Abschließend sind zu den Außenräumversuchen in Abbildung 66 die fotografischen Aufnahmen der erzeugten Oberflächen beim Einsatzstahl 16 Mn Cr 5, Vergütungsstahl C 45 und bei dem hochwarmfesten Werkstoff vergleichend wiedergegeben. Man erkennt bei den beiden Baustählen neben der größeren

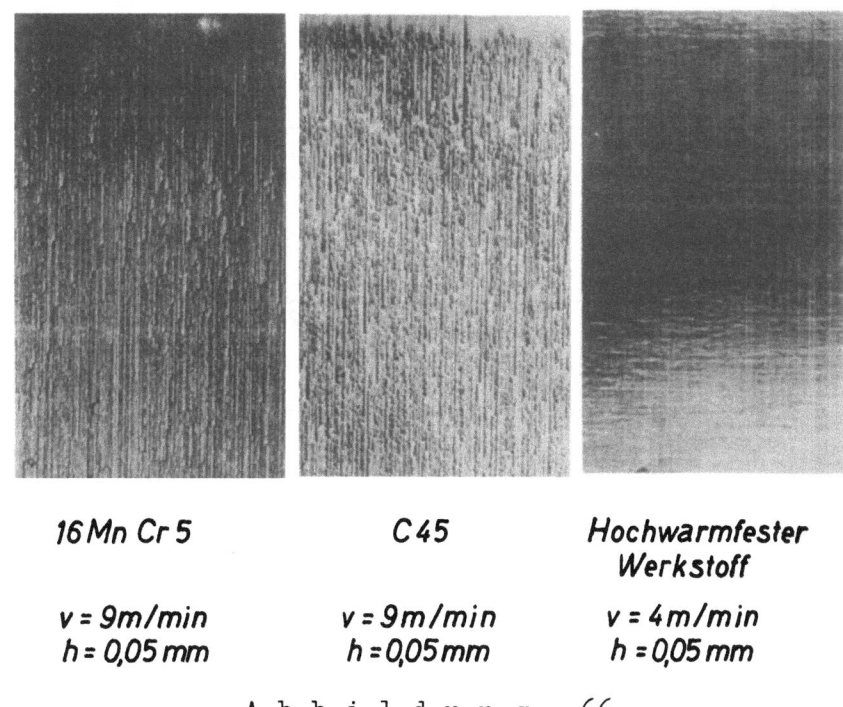

Abbildung 66
Vergleich der Oberflächenaufnahmen beim Außenräumen von Stahl 16 Mn Cr 5, C 45 und einem hochwarmfesten Werkstoff

Rauheit gegenüber dem warmfesten Werkstoff vor allem die Schuppenbildung infolge der abgelösten Aufbauschneidenteilchen. Dagegen ist die Oberfläche des warmfesten Werkstoffes frei von jeglichen Schuppen, was u.a. durch die wesentlich höhere Festigkeit und Zähigkeit bedingt ist. Daneben begünstigt das Sonderschneidöl die Spanbildung und unterdrückt die Schneidenansatzbildung. Da die Schneidkanten durch das Bearbeiten dieses hochwarmfesten Materials stark beansprucht werden, entstehen sehr leicht kleine Ausbrüche an der Schneide, die wiederum sichtbare Riefen auf der geräumten Oberfläche zur Folge haben.

In Abhängigkeit von der Werkzeugabstumpfung wurden weiterhin die Oberflächenrauheiten der beim Innenräumen des Vierkantes fertiggestellten Traghebel ermittelt (Abb. 67). Zu der Gestalt der Oberfläche muß jedoch

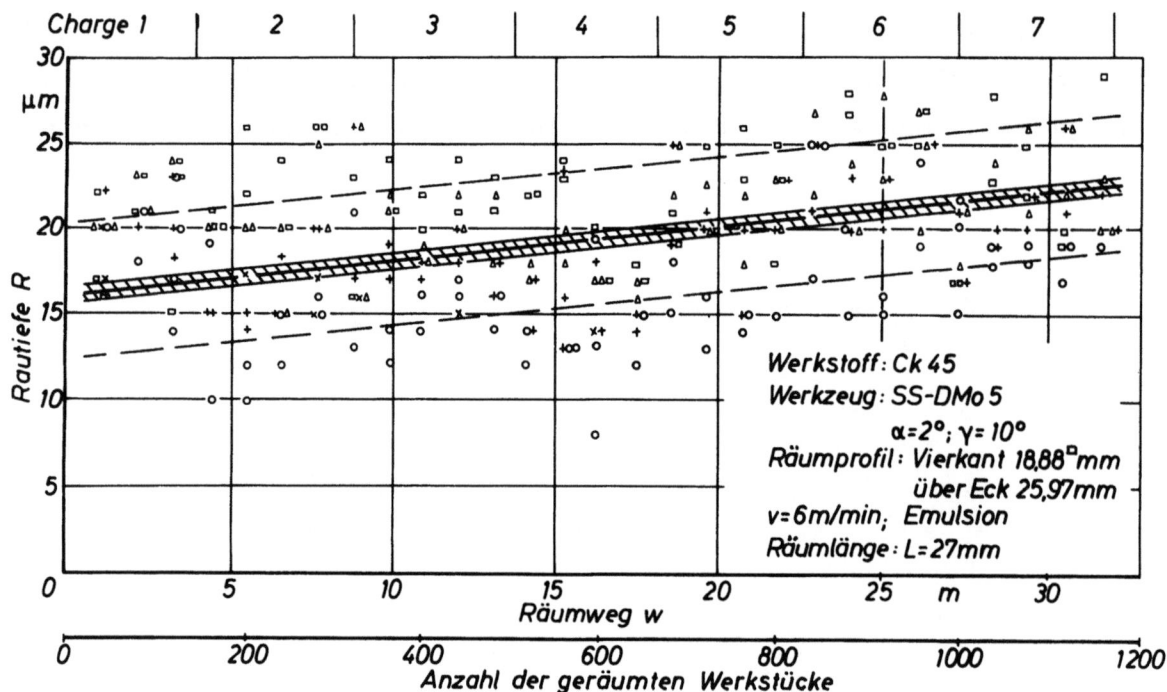

Abbildung 67

Oberflächen-Rauhtiefe in Abhängigkeit von der Zahl der geräumten Werkstücke beim Innenräumen eines Vierkantes

angeführt werden, daß die Rauheit sich größtenteils durch die Anordnung der Zähne auf der Räumnadel (vergl. Zerspanungsschema Abb. 12c) ergibt, da der Vierkant nicht auf seinen Seitenflächen durch nachfolgende Schlicht- und Kalibrierzähne bearbeitet wird.

Da die Werkstücke aus verschiedenen Chargen stammen, ergeben sich gewisse Schwankungen der Rauhtiefe mit zunehmendem Räumweg. Unabhängig davon wurden die Regressionsgerade und der Streubereich ($\bar{R} \pm \sigma$) errechnet und eingezeichnet. Man kann auch bei diesen Innenräumuntersuchungen eine Zunahme der Rauhtiefe mit größer werdendem Räumweg feststellen. Dabei zeigt der Vergleich zum Außenräumen, daß der Anstieg der Rauhtiefe schon im Bereich geringer Räumwege beim Innenräumen größer ist. Über den Gesamtbereich der untersuchten Werkstücke ergeben sich Rauhtiefen zwischen R = 14 und 30 µm.

### 5.3 Zusammenhang zwischen Oberflächengüte und Schneidenansatzbildung

In den vorhergehenden Ausführungen wurde bereits bemerkt, daß die Schneidenansatzbildung einen wesentlichen Einfluß auf die Ausbildung der Oberfläche hat und ein bestimmter Zusammenhang zwischen erzeugter Oberflächenrauheit und der Aufbauschneidenbildung am Werkzeug vohanden sein muß. Aus diesem Grunde wurden in Abbildung 68 der Verlauf der Rauhtiefe und der Schuppenzahl pro Meßlänge vergleichend als Funktion der jeweiligen Einflußgrößen dargestellt. Die Diagramme zeigen deutlich, daß jeweils beide Kurvenverläufe bei allen Abhängigkeiten gegenläufig sind, d.h. bei einer größeren Zahl von Aufbauschneidenteilchen auf der Oberfläche ist die Rauhtiefe geringer. Dabei sind die Teilchen für diesen Teil in ihrer Größe entsprechend klein, und die ziemlich gleichmäßige Verteilung über die Probe läßt eine niedrige Rauhtiefe entstehen.

Diese Tendenzen konnten bei sämtlichen Versuchen beim Einstechdrehen, Einzahn- und Außenräumen, bei denen eine bestimmte Regelmäßigkeit in der Schneidenansatzbildung vorlag, beobachtet werden. Darüber hinaus bestehen z.B. beim Vergleich zweier Werkstoffe auch zahlenmäßig Unterschiede in der Anzahl der Schuppen. So ist beim Stahl 16 Mn Cr 5 die Schuppenzahl pro Meßlänge geringer als beim Stahl Ck 45; die Rauhtiefen verhalten sich umgekehrt. Vergleicht man die Schuppenzahlen für die Zufuhr von Schneidöl und Emulsion mit dem Trockenschnitt, so ergibt sich hierbei die umgekehrte Rangfolge wie beim Vergleich der Rauhtiefen. Bei Kühlung mit Emulsion ist bei Schnittgeschwindigkeiten zwischen 1 und 4 m/min keine Aufbauschneidenbildung vorhanden. Erst ab v = 4 m/min läßt sich eine Schuppenzahl pro Meßlänge ermitteln, welche jedoch höhere Werte annimmt als die Versuchsreihe bei Zufuhr von Schneidöl. Dieses Ergebnis wird durch die Messung der Oberflächenrauhtiefe bestätigt, denn diese nimmt im Bereich niedriger Schnittgeschwindigkeiten infolge der geringeren Aufbauschneidenbildung nur kleine Werte an. Bei Schnittgeschwindigkeiten über 6 bis 7 m/min ist die Zahl der abgewanderten Schneidenansatzteilchen bei Zufuhr von Emulsion wiederum geringer als bei Schneidöl, weshalb die Rauhtiefenwerte die umgekehrte Rangfolge haben.

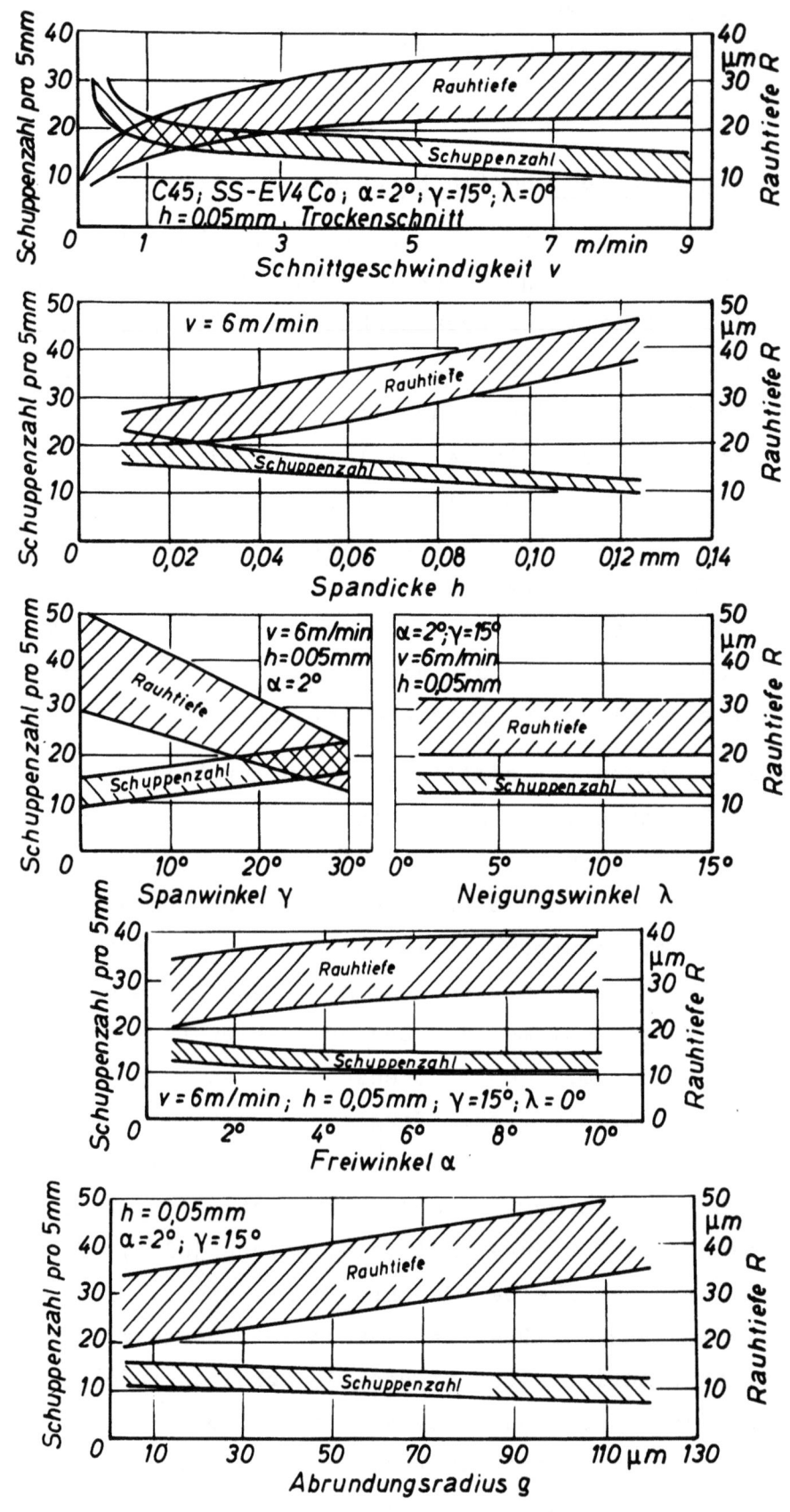

Abbildung 68
Zusammenhang zwischen Oberflächenrauheit und Schuppenzahl

# 6. Schnitt- und Zugkräfte sowie Spanstauchung beim Räumen

Für die Auslegung von Maschine und Werkzeug sind ebenfalls die beim Räumen auftretenden Kräfte von großer Bedeutung. Da beim Räumen die gesamte im Eingriff stehende Schneidenlänge groß ist, treten entsprechend große Kräfte auf, die von der Maschine, dem Werkzeug und der Vorrichtung aufgenommen werden müssen.

Vielfach wird auch angenommen, daß die Kräfte als Maß für die Bearbeitbarkeit eines Werkstoffes herangezogen werden können. Dies hat sich jedoch bei anderen Bearbeitungsverfahren bisher nicht bestätigt. Jedoch dürfte es möglich sein, aus einem Schnittkraftanstieg während der Bearbeitung Rückschlüsse auf die Schneidenabstumpfung zu ziehen.

Da die Zerspanungsaufgabe beim Räumen auf mehrere Schneiden, die nacheinander in Eingriff kommen, verteilt ist, schwanken Schnitt- und Zugkraft im Verlauf eines Räumhubes, Amplitude und zeitlicher Verlauf dieser Schwankungen sind dabei abhängig vom Spanquerschnitt, der Räumlänge und der Anzahl der in Eingriff stehenden Zähne. Diese Kraftschwankungen können sich auf das Schwingungsverhalten der Maschine und damit auch auf den Zerspanungsvorgang auswirken.

Beim Räumen mit Werkzeugen ohne Neigungswinkel greifen an jeder Schneide des Werkzeuges entsprechend Abbildung 69 die Hauptschnittkraft $P_1$ und die Abdrängkraft $P_4$ an. Dabei steht die Abdrängkraft $P_4$ senkrecht zur Schneidkante und zur Schnittrichtung und muß z.B. beim Außenräumen von der Werkstückaufnahme aufgenommen werden.

An der Räummaschine selbst wird nur die vom Hydraulik-Aggregat aufgenommene Gesamt-Zugkraft angezeigt. Diese Zugkraft $P_Z$ wird in der Praxis als die am einfachsten zu ermittelnde Meßgröße verwendet.

In Abbildung 70 ist der Verlauf der Hauptschnittkraft bzw. Zugkraft bei vorgegebener Räumlänge l schematisch aufgetragen. Je weniger Zähne auf der Einzelräumlänge (Werkstücklänge) für eine vorgeschriebene Bearbeitungsaufgabe in Eingriff kommen, um so größer sind die Kraftstufen beim Eintritt und die Schwankungen über dem Räumhub, da die Zahnsteigung größer werden muß und somit der Spanquerschnitt pro Schneide anwächst.

Durch die Anwendung eines Neigungswinkels $\lambda$ ergibt sich neben Hauptschnitt- und Abdrängkraft zusätzlich eine Seitenkraft, die sowohl auf das Werkzeug als auch auf das Werkstück wirkt. Bei Verwendung solcher Werkzeuge muß die Werkstückaufnahme mit Rücksicht auf diese seitliche

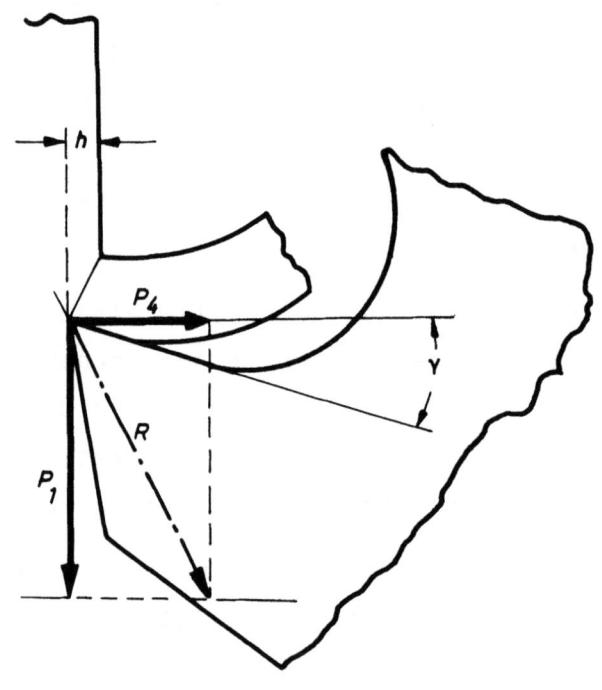

Abbildung 69

Hauptschnitt- und Abdrängkraft beim Räumen

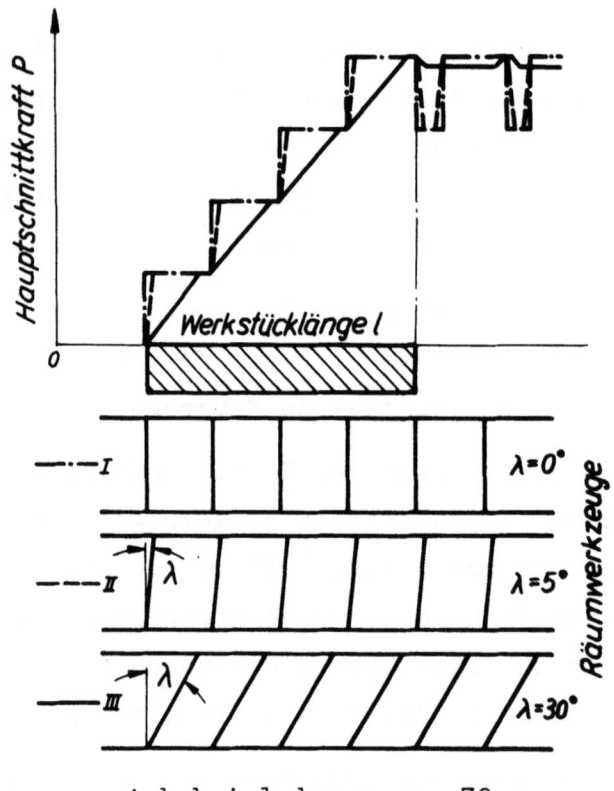

Abbildung 70

Theoretischer Verlauf der Hauptschnittkraft über der
Werkstücklänge bei verschiedenen Neigungswinkeln
(nach SCHATZ [50])

Belastung ausgelegt sein. Neigungswinkel werden beim Außenräumen bis zu $\lambda = 30°$ verwendet, wobei nach SCHATZ z.B. bei einem Neigungswinkel von 20° die Seitenkraft etwa 36 % der Hauptschnittkraft beträgt.

Durch Schräglegen der Schneiden wird aus dem in Abbildung 70 dargestellten stufenförmigen Ansteigen der Schnittkraft mit zunehmendem Neigungswinkel eine stetige Kraftzunahme. Gleichzeitig wird die Amplitude der Kraftschwankungen kleiner, da hierdurch die Zahl der im Eingriff befindlichen Zähne vergrößert wird. Es ist

$$z_{iE} = \frac{l + b \cdot tg\,\lambda}{t}$$

Dabei bedeuten:

$z_{iE}$ = Zahl der im Eingriff befindlichen Zähne
$l$ = die Werkstückräumlänge
$b$ = die Schnittbreite
$\lambda$ = der Neigungswinkel
$t$ = die Zahnteilung.

Dazu zeigt Abbildung 71 den Verlauf der Räumzugkraft $P_z$ über dem Räumhub bei Verwendung von Außenräumwerkzeugen mit verschieden großen Neigungswinkeln. Bei $\lambda = 0°$ beträgt $z_{iE} = 2,34$, d.h. es sind wechselweise 2 oder 3 Zähne im Eingriff. Schon bei einem Neigungswinkel von $\lambda = 20°$

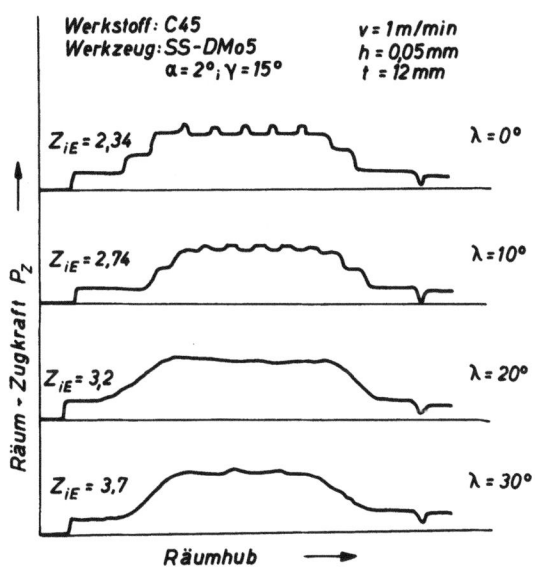

Abbildung 71
Zugkraftverlauf beim Außenräumen bei verschiedenen Neigungswinkeln

werden bei dieser Zahnteilung und Werkstückbreite keinerlei Kraftschwankungen mehr registriert, da bei $z_{iE} = 3,2$ kurzzeitig 4 Zähne in Eingriff kommen. Die Schwankungen sind deshalb nur gering und werden vom Hydrauliksystem nicht mehr angezeigt.

Auch beim Innenräumen treten derartige Kraftschwankungen entsprechend der Aufteilung der Spanquerschnitte auf die einzelnen Zähne auf. In Abbildung 72 ist oben der Zugkraftverlauf über einen Räumhub beim Innenräumen eines Vierkants in einen Traghebel wiedergegeben. Entsprechend

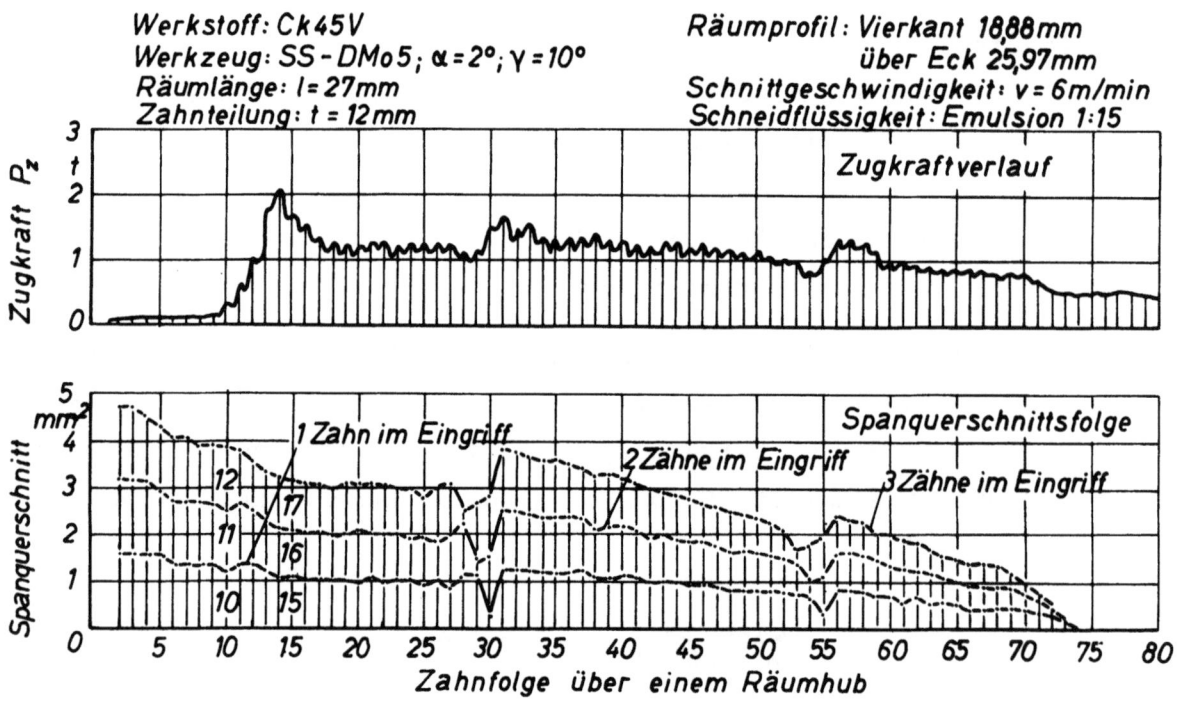

A b b i l d u n g   72

Zugkraftverlauf und Spanquerschnittsfolge über einen Räumhub beim Innenräumen eines Vierkants in einen Traghebel

der Gestaltung der Räumnadel (vergl. Zerspanungsschema in Abb. 12c) ergeben sich drei Bereiche, die durch die unterschiedliche Zahnsteigung gekennzeichnet sind. Dabei tritt beim Wechsel der Zahnsteigungsgruppe jeweils ein Zugkraftminimum auf, da durch den Steigungswechsel an diesen Stellen eine nur dem Unterschied der beiden Zahnsteigungen entsprechende Spandicke abgenommen wird. Der Zugkraftverlauf bei Herstellung eines solchen Profils ist jedoch nicht allein von der Zahnsteigung, sondern von dem jeweiligen Spanquerschnitt abhängig. Der im unteren Teil der Abbildung 72 stark strichpunktierte Kurvenzug gibt die Größe der Spanquerschnitte, die von jeweils drei Zähnen abgehoben werden, an. Vergleicht man diesen Kurvenzug mit dem Verlauf der Zugkraft, so erkennt man den eindeutigen Zusammenhang zwischen Spanquerschnittsfolge und Zugkraftverlauf.

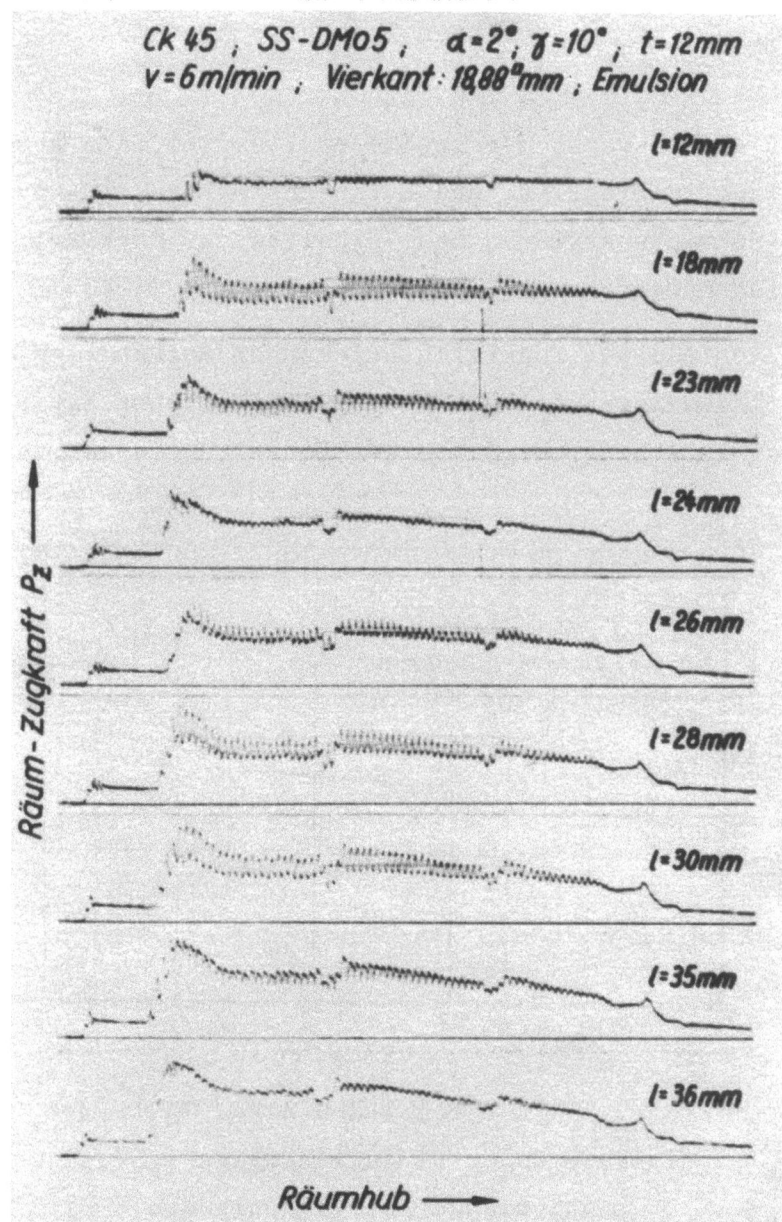

Abbildung 73
Zugkraftverlauf über einen Räumhub beim Innenräumen
bei verschiedenen Räumlängen

Aus dem oben besprochenen Zug- bzw. Schnittkraftverlauf geht weiterhin hervor, daß der Schwankungsverlauf umso gleichmäßiger wird, je mehr Zähne des Werkzeuges sich im Eingriff befinden. Aus diesem Grunde wurden Zugkraftmessungen beim Innenräumen bei verschiedenen Werkstücklängen durchgeführt. Die entsprechenden Zugkraftdiagramme sind in Abbildung 73 zusammengestellt. Man erkennt die nur geringfügigen Kraftschwankungen bei einer Räumlänge von l = 12, 24 und 36 mm, die bei einer Zahnteilung von t = 12 mm einem ganzzahligen $z_{iE}$ entsprechen. Bei praktisch gleichartigem Verlauf ändert sich lediglich die Höhe der Zugkraft. Demgegenüber erhält man die größten Zugkraftschwankungen bei dem 1,5- bzw. 2,5fachen Wert der Teilung für $z_{iE}$.

Hierbei ist also jeweils der zweite bzw. dritte Zahn über einen Weg der halben Teilung in Eingriff, ehe der nächste Zahn ein- bzw. austritt. Die restlichen Schriebe erklären das Verhalten der Zugkraft bei den entsprechenden Zwischenwerten.

Diese Unterschiede der Zugkraftschwankungen machen sich auch in der Größe der mittleren Zugkraft bemerkbar, wie Abbildung 74 zeigt. Der Zugkraftverlauf in Abhängigkeit von der Einzelräumlänge besagt, daß die

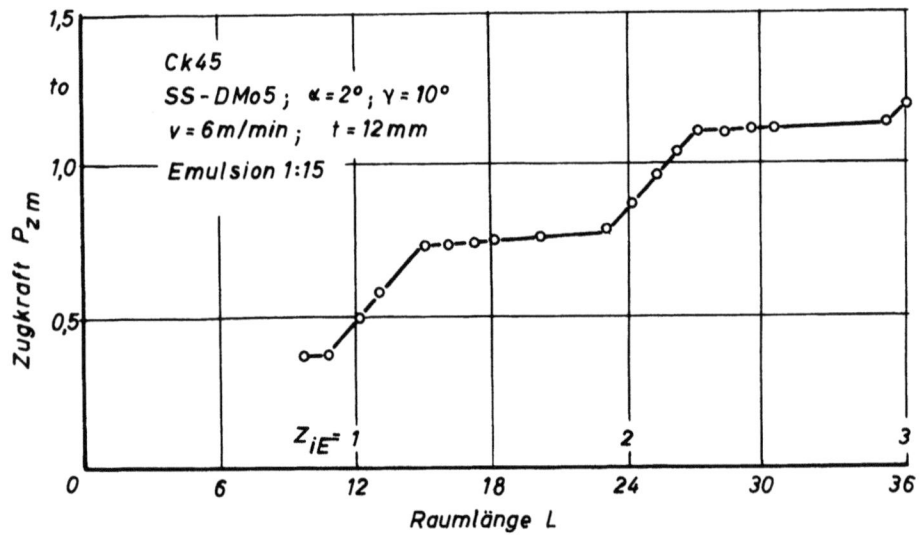

A b b i l d u n g   74
Mittlere Zugkraft in Abhängigkeit von der
Räumlänge beim Innenräumen

mittlere Kraft jeweils im Bereich des Vielfachen der Zahnteilung stärker ansteigt als im Bereich des 1,5- bzw. 2,5fachen der Teilung. Für die Lebensdauer des Räumwerkzeuges wird es vorteilhaft sein, wenn die Werkstücklänge einem ganzen Vielfachen der Teilung entspricht, wobei allerdings die Gestaltung der Zahnlücke zur Aufnahme des Spanes berücksichtigt werden muß. Hinsichtlich der Größe der Zugkraft wird es gleichfalls günstiger sein, derartige Werkzeuge zu verwenden, wenn auch bei unterschiedlicher Räumlänge die auftretenden Zugkräfte höher oder niedriger sind; jedoch bleiben die Schwankungen über einen Räumhub in kleineren Grenzen.

Über die Größe der Hauptschnittkraft bzw. der spezifischen Schnittkraft, d.i. die auf den Spanquerschnitt bezogene Schnittkraft, geben die Untersuchungen verschiedener Forscher [17, 19, 69] Aufschluß, jedoch fehlen bisher präzise Angaben über Abdräng- und Seitenkräfte. Alle bisherigen Untersuchungen bezogen sich auf die Dreh- bzw. Hobelbearbeitung. Aus diesem Grunde sollen im folgenden die Schnittkräfte auch für die beim Räumen gebräuchlichen Schnittbedingungen und in Abhängigkeit der verschiedenen Einflußgrößen ermittelt werden. Die Schnittkräfte wurden dabei sowohl beim Einstechdrehen als auch beim Einzahn- und Außenräumen ermittelt, um wiederum einen Vergleich bei den einzelnen Verfahren zu ermöglichen. Darüber hinaus wurden beim Außen- und Innenräumen die im Hydraulikkreis der Maschine auftretenden Zugkräfte ebenfalls in Abhängigkeit der verschiedenen Einflußgrößen registriert.

6.1 Einfluß der Schnittbedingungen und Kühlschmiermittel beim Räumen verschiedener Werkstoffe

Zunächst sind in Abbildung 75 Hauptschnitt- und Abdrängkraft beim Einzahnräumen des Stahles C 45 in Abhängigkeit von Schnittgeschwindigkeit

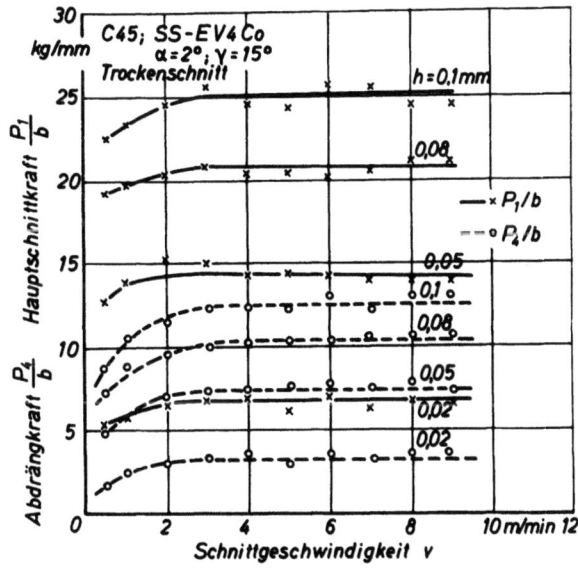

A b b i l d u n g  75

Hauptschnitt- und Abdrängkraft in Abhängigkeit von Schnittgeschwindigkeiten und Spandicke beim Einzahnräumen von Stahl C 45

und Spandicke (Zahnsteigung) aufgetragen. Für alle Spandicken steigen die Schnittkräfte im Bereich von v = 0,5 bis 3 m/min an und bleiben bei den höheren Geschwindigkeiten konstant. Die gleiche Tendenz ergab sich beim Einstechdrehen, jedoch wurden hier die Messungen bis zu Schnittgeschwindigkeiten von v = 50 m/min ausgedehnt. Trägt man die Schnittkräfte in Abhängigkeit von der Spandicke im doppelt-logarithmischen System auf, so ergeben sich auch für die Spandicken zwischen h = 0,01 bis 0,125 mm die von KIENZLE und VICTOR ermittelten Tendenzen. Abbildung 76 zeigt, daß die Schnittkräfte für die drei Zerspanverfahren Einstechdrehen, Einzahn- und Außenräumen identisch sind, so daß die bei analogen Einzahnversuchen gewonnenen Ergebnisse auf das Außenräumen mit mehrschneidigen Werkzeugen übertragen werden können. Lediglich für die Abdrängkraft ergibt sich eine geringe Abweichung, die u.U. auf eine unterschiedliche Schneidkantenabrundung oder Schneidenschartigkeit zurückzuführen ist. Bei allen Untersuchungen sind die Schnittkräfte pro mm Spanbreite angegeben, so daß der Vergleich der Verfahren möglich wird, da z.B. für das Außenräumen größere Spanbreiten vorlagen.

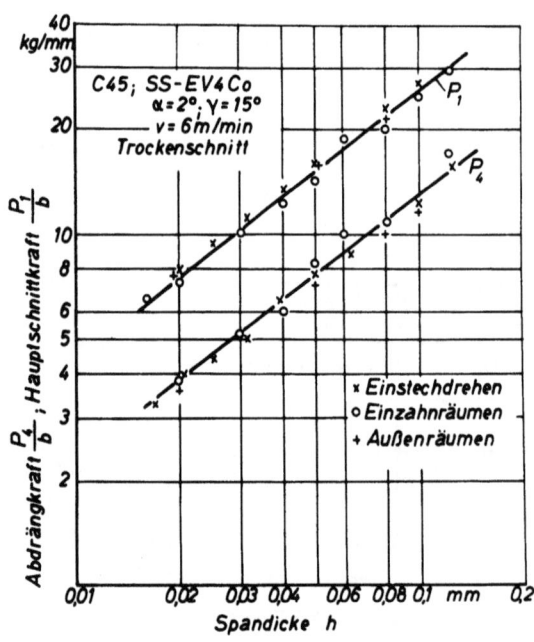

Abbildung 76

Hauptschnitt- und Abdrängkraft in Abhängigkeit von der Spandicke beim Einstechdrehen, Einzahn- und Außenräumen

Für den hier verwendeten Spanwinkel $\gamma = 15°$ ergeben sich für eine Spandicke h = 0,05 mm eine Hauptschnittkraft von $P_1/b$ = 15 kg/mm und eine

Abdrängkraft von $P_4/b = 7,6$ kg/mm. Die entsprechenden Werte von h = 0,1 mm sind: $P_1/b = 25,5$ kg/mm, $P_4/b = 13$ kg/mm. Da die Steigungen der Schnittkraftgeraden für beide Schnittkraftkomponenten in dem untersuchten Bereich etwa gleich sind, ergeben sich für alle Spandicken die gleichen Verhältnisse. Hierbei verhalten sich Hauptschnittkraft zu Abdrängkraft wie 2 : 1.

Für die Hauptschnittkraft ergibt sich die Beziehung

$$P_1/b = k_{s1.1} \cdot h^{1-z} .$$

Hierin bedeutet $k_{s1.1}$ die Schnittkraft bei einer Spanbreite von b = 1 mm und einer Spandicke von h = 1 mm. Die Werkstoffgröße $k_{s1.1}$ wird von KIENZLE als Hauptwerte der Schnittkraft bezeichnet. (1-z) ist der Steigungsfaktor der Schnittkraftgeraden bei doppelt-logarithmischer Darstellung.

Da die Untersuchungen für das Räumen nur bis zu einer Spandicke h = 0,125 mm durchgeführt wurden, ist die Extrapolation auf 1 mm Spandicke mit einer gewissen Unsicherheit behaftet, sofern nicht der Gültigkeitsbereich angegeben wird. Aus diesem Grunde sind in Abbildung 77 für die beim Räumen verwendeten Schnittbedingungen die spezifischen Schnittkräfte aufgetragen. Bei Extrapolation auf h = 1 mm Spandicke ergibt sich dabei eine spezifische Schnittkraft von $k_{s1.1} = 155$ kg/mm$^2$. Die Versuche haben gezeigt, daß die unter Räumbedingungen ermittelten Werte der

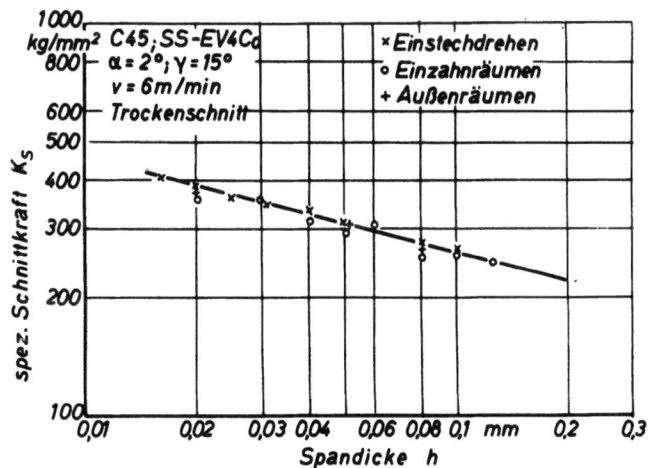

Abbildung 77

Spezifische Schnittkraft als Funktion der Spandicke
bei verschiedenen Zerspanverfahren

spezifischen Schnittkraft mit den von KIENZLE und VICTOR beim Längsdrehen bestimmten Werten übereinstimmen, so daß die in der Literatur vorhandenen Angaben auf den Räumvorgang bei niedrigen Schnittgeschwindigkeiten und geringen Spandicken übertragen werden können. Es muß jedoch berücksichtigt werden, daß nur die für niedrige Schnittgeschwindigkeiten angegebenen Werte für den Vergleich der Schnittkraftwerte zulässig sind.

Um einen Anhaltspunkt über die Größe der Zugkraft in Relation zu den Schnittkraftkomponenten zu bekommen, wurde bei den Außenräumversuchen gleichzeitig die Zugkraft ermittelt. Die Unterschiede in der Höhe der Zug- und Schnittkräfte (Abb. 78) sind auf die Schlittenreibung sowie die Hydraulikverluste der Maschine zurückzuführen. Die Abdrängkraft betrug bei diesen Außenräumversuchen etwa 40 % der Zugkraft.

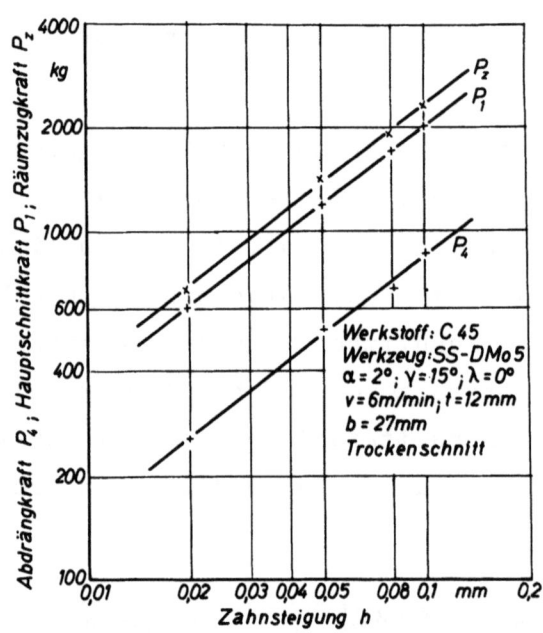

Abbildung 78
Zug- und Schnittkraft als Funktion
der Spandicke beim Außenräumen

Als weiteres wurde der Einfluß des Kühlschmiermittels auf die Schnittkräfte untersucht. Abbildung 79 zeigt Hauptschnitt- und Abdrängkraft in Abhängigkeit von der Schnittgeschwindigkeit bei Zufuhr von Schneidöl im Vergleich zum Trockenschnitt beim Einzahnräumen. Es wird deutlich, daß beide Schnittkraftkomponenten durch die Zufuhr eines Kühlschmiermittels verringert werden. Dabei sind die Schnittkräfte bei Zufuhr von Schneidöl etwas niedriger als bei Kühlung mit Emulsion. Im Bereich der verwendeten Schnittgeschwindigkeiten und Spandicken ergibt sich im Vergleich zum Trockenschnitt ein Absinken der Schnittkraft von 20 bis 30 %. Weiterhin zeigte sich, daß auch durch die Zufuhr von Schneidöl und Emulsion beim Außen- und Innenräumen meßbare Schnittkraft- bzw. Zugkraftunterschiede auftraten.

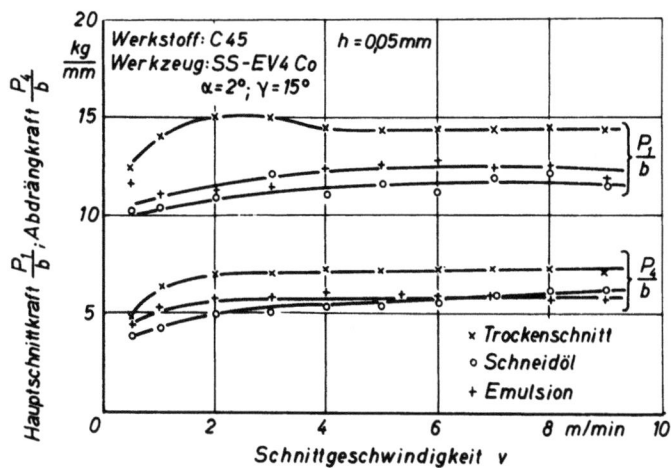

A b b i l d u n g   79

Schnittkräfte bei Zufuhr verschiedener Kühlschmiermittel

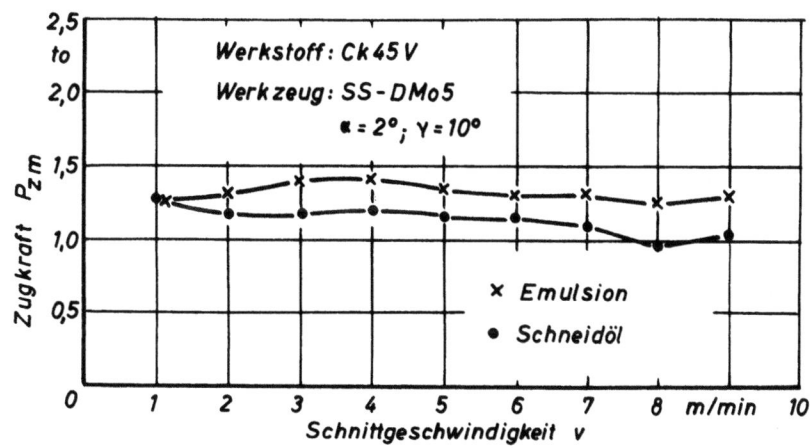

A b b i l d u n g   80

Zugkraft als Funktion der Schnittgeschwindigkeit beim Innenräumen bei Zufuhr von Schneidöl und Emulsion

Hier ist die mittlere Zugkraft $P_{z_m}$ als Funktion der Schnittgeschwindigkeit beim Innenräumen des Vierkants im Automobil-Traghebel wiedergegeben. Auch hier ergab sich bei Zufuhr von Schneidöl eine etwas geringere Zugkraft als bei Zufuhr von Emulsion.

Die Schnittkraftmessungen wurden an den Stählen 16 MnCr 5 und C 45 sowie an Messing Ms 58 durchgeführt. Für das Einzahnräumen ergaben sich zwischen den beiden Stählen nur geringe Schnittkraftunterschiede (Abb. 81). Dagegen liegen die Schnittkräfte für die Bearbeitung des Messings wesentlich niedriger. Gegenüber dem Messing sind die Hauptschnittkräfte

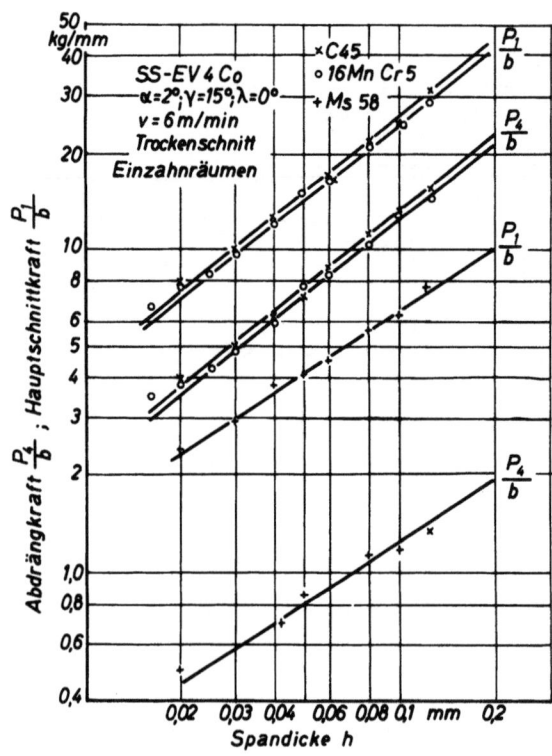

Abbildung 81
Schnittkräfte in Abhängigkeit von der Spandicke beim Einzahnräumen verschiedener Werkstoffe

für die Bearbeitung der Stähle etwa 3mal und die Abdrängkräfte sogar 6- bis 7mal so groß. Während bei den Stählen bei Schnittgeschwindigkeiten unter 2 m/min ein Abfall der Schnittkräfte auftrat, ergaben sich für Messing gleiche Schnittkräfte über den gesamten Geschwindigkeitsbereich von v = 0,5 bis 9 m/min.

Wie Abbildung 82 zeigt, ergaben sich bei Anwendung verschiedener Schneidstoffe ebenfalls beim Räumen von Stahl C 45 geringe Unterschiede. Bei Verwendung von Stellit lagen die Schnittkräfte etwa 20 % höher als bei SS-EV 4 Co und Hartmetall M 40, was u.a. auf die geringere Schneidengüte und das schnellere Abstumpfen des Stellits zurückzuführen ist. Das Verhältnis 2 : 1 von Hauptschnitt- zu Abdrängkraft bleibt für alle Schneidstoffe erhalten.

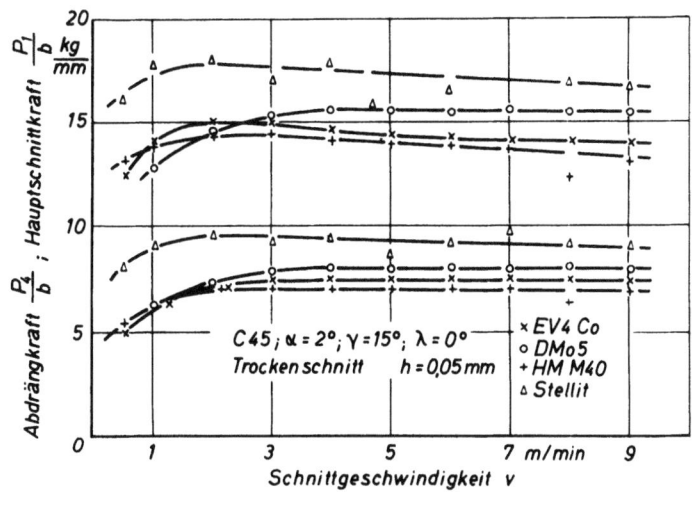

Abbildung 82

Vergleich der Schnittkräfte beim Einzahnräumen
mit verschiedenen Schneidstoffen

## 6.2 Einfluß der Schneidengeometrie und Nebenschneide

In Abbildung 83 sind Hauptschnitt- und Abdrängkraft beim Einstechdrehen und Einzahnräumen von Stahl C 45 in Abhängigkeit vom Spanwinkel wiedergegeben. Beide Schnittkraftkomponenten nehmen für die angeführten Spandicken mit zunehmendem Spanwinkel ab, und zwar die Abdrängkraft mehr

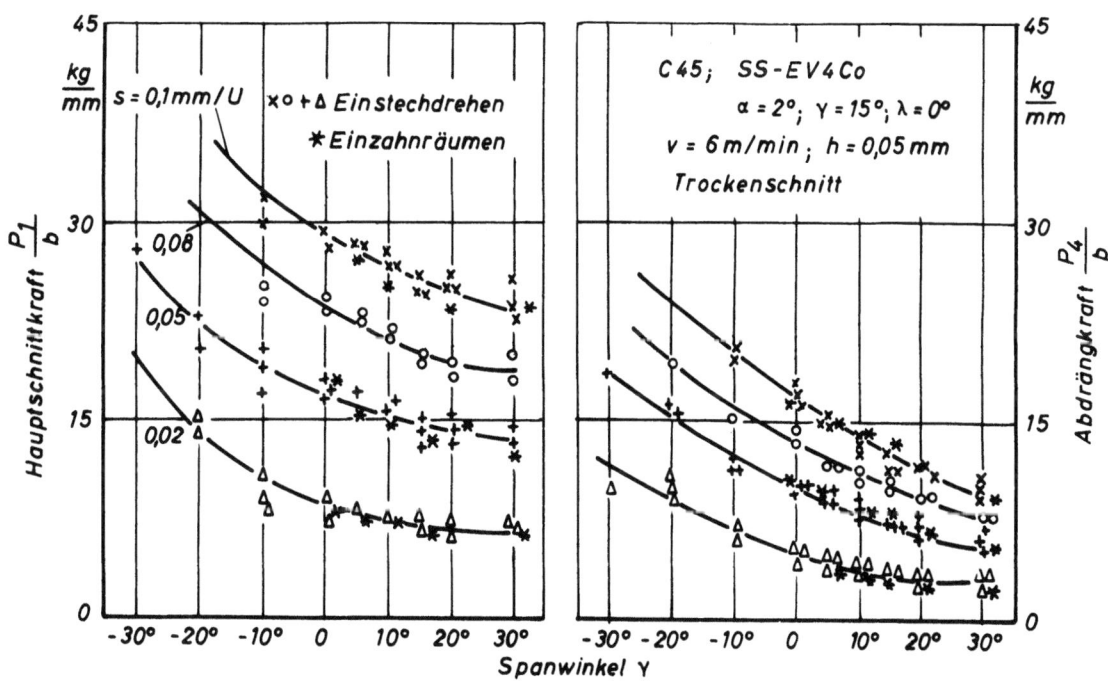

Abbildung 83

Hauptschnitt- und Abdrängkräfte in Abhängigkeit vom
Spanwinkel beim Einstechdrehen und Einzahnräumen

als die Hauptschnittkraft. Während die Hauptschnittkraft im Bereich zwischen $\gamma = 0°$ und $30°$ um etwa 1 bis 1,5 % pro Grad Spanwinkelzunahme sinkt, nimmt die Abdrängkraft im Mittel um 2 % pro Grad Spanwinkelzunahme ab, so daß sich dadurch auch das Verhältnis von Hauptschnitt- und Abdrängkraft verschiebt. So beträgt z.B. bei h = 0,05 mm und $\gamma = 15°$ das Verhältnis $P_1/P_4 = 2 : 1$ und bei $\gamma = 0°$ nur noch 1,7 : 1.

Wie in Abbildung 84 gezeigt wird, hat der Freiwinkel keinen Einfluß auf die Schnittkraft. Sowohl beim Einzahnräumen als auch beim Außenräumen bleiben die Schnittkräfte bzw. die Zugkräfte über den gesamten untersuchten Bereich von $\alpha = 0,5°$ bis $\alpha = 10°$ konstant.

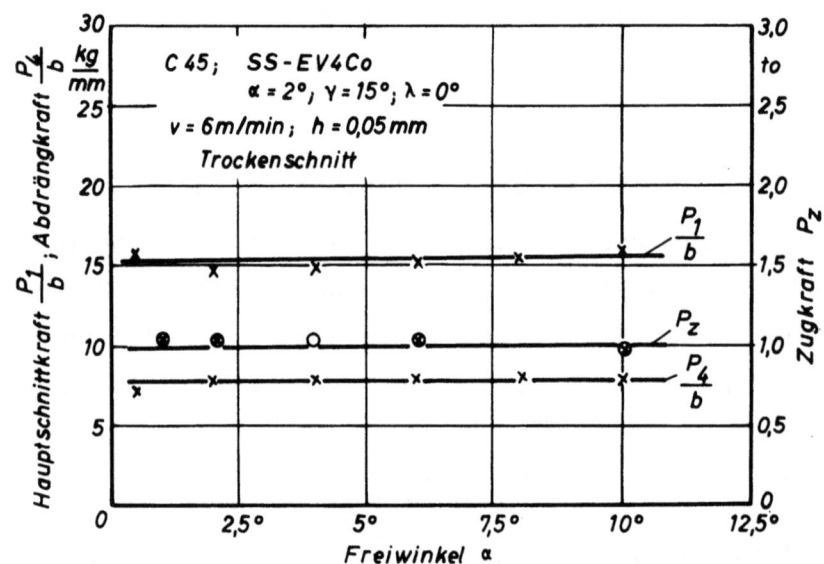

Abbildung 84

Schnitt- und Zugkräfte als Funktion des Freiwinkels
beim Einzahn- und Außenräumen

Es wurde bereits oben angeführt, daß durch den Neigungswinkel eine zusätzliche seitliche Schnittkraftkomponente $P_2$ entsteht. Da sich durch den Anschliff eines Neigungswinkels bei $\gamma = 0°$ eine Änderung des tatsächlichen Spanwinkels ergibt, wurden Schnittkraftmessungen beim Einzahnräumen mit verschiedenen Neigungswinkeln bei einem Spanwinkel von $\gamma = 0°$ durchgeführt (Abb. 85). Für Hauptschnitt- und Abdrängkraft ergibt sich keine Beeinflussung durch den Neigungswinkel. Demgegenüber nimmt die Seitenkraft mit größer werdendem Neigungswinkel zu und beträgt bei $\lambda = 30°$ etwa 22 % der Hauptschnittkraft und 35 % der Abdrängkraft.

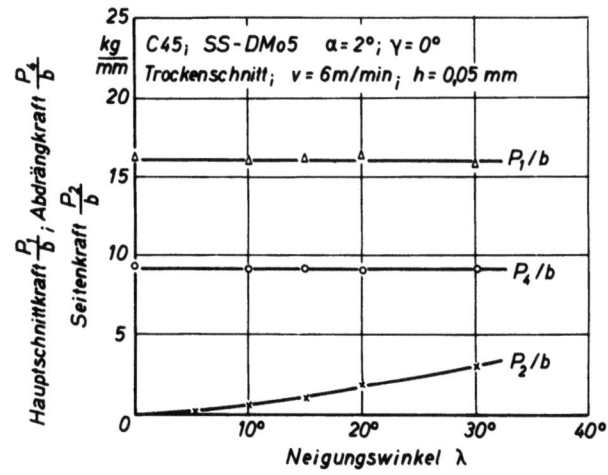

Abbildung 85

Hauptschnitt- und Abdräng- und Seitenkraft in Abhängigkeit
vom Neigungswinkel beim Einzahnräumen

Desgleichen wurde die Zugkraft bei verschiedenen Neigungswinkeln bei einem Außenräumwerkzeug ermittelt. Die Zugkraft zeigte mit größerem Neigungswinkel eine leicht fallende Tendenz. Dieser Abfall ist auf den durch den Neigungswinkel größer werdenden tatsächlichen Spanwinkel zurückzuführen, der bei $\lambda = 30°$ etwa $2°$ zunimmt.

Beim Räumen von Profilen und Nuten sind außer der Hauptschneide auch die Nebenschneiden der jeweiligen Räumzähne in Eingriff. Dabei sind in zahlreichen Fällen die Werkzeuge nicht hinterschliffen, damit beim Nachschliff keine Profilverzerrungen auftreten. Gegenüber dem freien Zerspanen (ohne Nebenschneiden) liegt hier das einfach oder doppelt gebundene Zerspanen vor (LOLADSE, OPITZ). Abbildung 86 zeigt, daß die Schnittkräfte beim Räumen über den Bereich der Nutentiefe konstant bleiben; ein Einfluß der Nebenschneiden ist demnach nicht vorhanden. Die Schnittkraftwerte streuen lediglich in einem Bereich von $\pm 5\%$ um den jeweiligen Mittelwert.

Auch bei unterschiedlichen Spandicken konnte kein Einfluß der Nutentiefe bzw. der Breite der Nebenschneide festgestellt werden. Abbildung 87 zeigt Ergebnisse beim Einstechdrehen, bei dem der Meißel entsprechend der Skizze ausgeführt war. Die Einstechtiefe wurde jeweils so groß gewählt, daß die ganze Nebenschneide in Eingriff war. Ein Einfluß der Nebenschneiden auf die Größe der Schnittkraft ist bei diesen Schnittbedingungen nicht festzustellen. Die gleichen Ergebnisse erhielt auch W. OPITZ [41] beim Einstechdrehen mit Formwerkzeugen bei kleinen Spanbreiten.

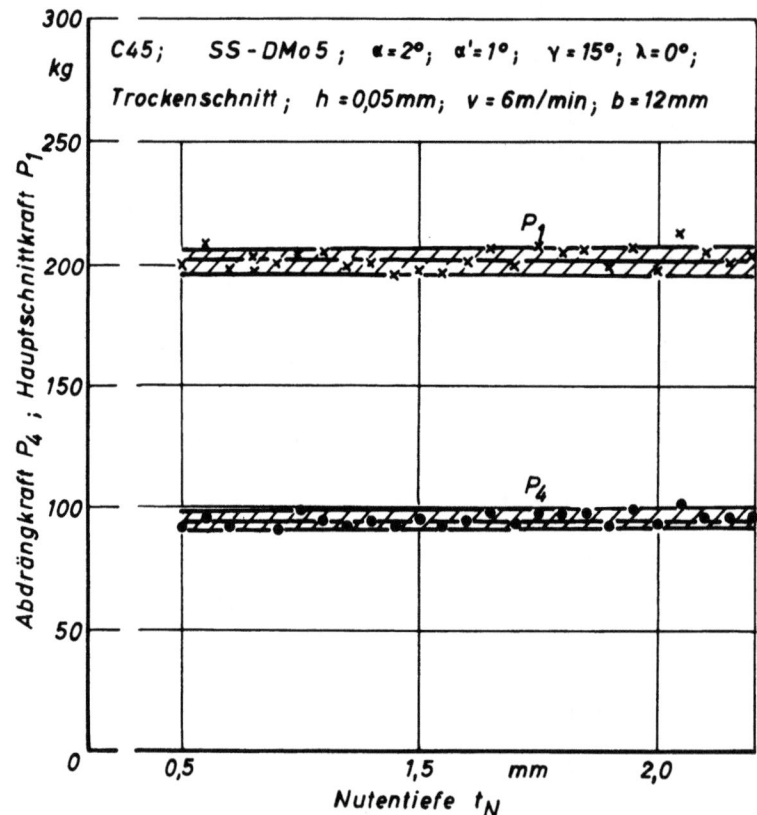

Abbildung 86

Hauptschnittkraft und Abdrängkraft in Abhängigkeit
von der Nutentiefe bei gleicher Spandicke

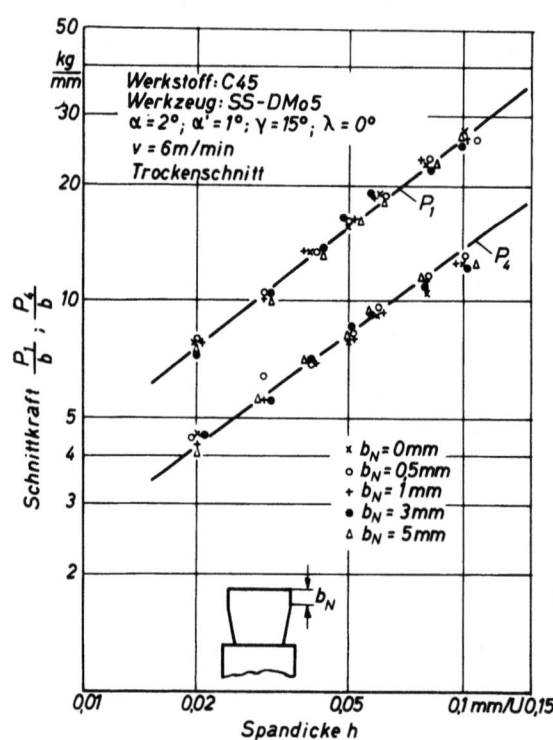

Abbildung 87

Einfluß der Nebenschneide auf Hauptschnittkraft
und Abdrängkraft beim Einstechdrehen

## 6.3 Einfluß der Schneidenabstumpfung

Der in Abhängigkeit vom Schnitt- bzw. Räumweg auftretende Verschleiß am Werkzeug übt außer auf die Oberfläche auch einen bestimmten Einfluß auf die Höhe der Schnittkraft aus. Durch die Abstumpfung der Schneide ändert sich die Schneidengeometrie, d.h. vornehmlich der Spanwinkel bzw. die Schneidkantenabrundung und damit die Schnittkraft. Um den Einfluß der Schneidkantenabstumpfung auf die Schnittkraft zu ermitteln, wurden entsprechende Versuche mit abgestumpften Werkzeugschneiden durchgeführt. Die Schneidkantenabrundung wurde dabei nach den in Kapitel 2.3 angeführten Methoden ermittelt.

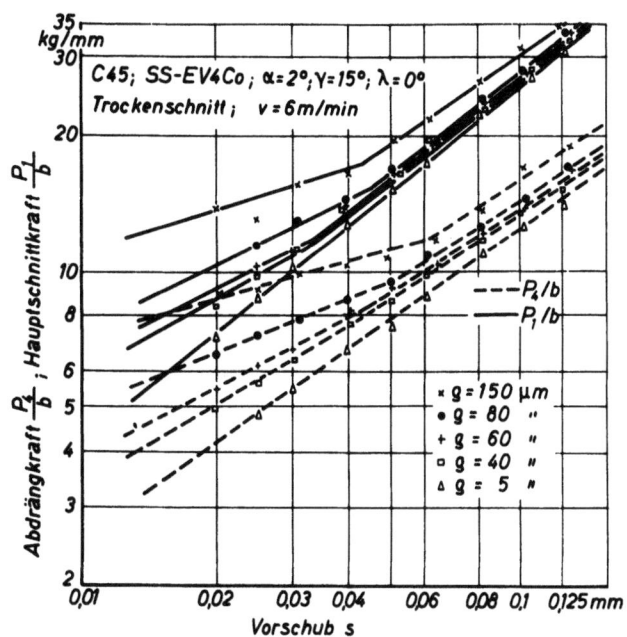

A b b i l d u n g   88

Beeinflussung von Hauptschnitt- und Abdrängkraft
durch die Schneidkantenabrundung

In Abbildung 88 sind Hauptschnitt- und Abdrängkraft in Abhängigkeit von der Spandicke für verschiedene Schneidkantenabrundungen dargestellt. Beide Schnittkraftkomponenten nehmen mit größer werdendem Schneidkantenabrundungsradius zu, wobei die Schnittkraft bei kleinen Spandicken wesentlich stärker beeinflußt wird als bei größeren Spandicken. Die im doppelt-logarithmischen System normalerweise linear verlaufenden Anstiegsgeraden weisen einen Knick auf, wobei sich der Knickpunkt mit größer werdendem Abrundungsradius zu größeren Spandicken verschiebt. Der Einfluß des Verhältnisses $\varrho/h$ macht sich bei der Abdrängkraft in noch stärkerem Maße bemerkbar als bei der Hauptschnittkraft. Gleichzeitig wirkt sich der Einfluß der Schneidkantenabrundung auf die Steigung der Schnittkraftgeraden aus.

### 6.4 Die Spanstauchung beim Räumen

Bei der Abtrennung des Werkstoffes vom Werkstück durch die Schneide wird der Span stark verformt, und es entsteht eine Dickenzunahme. Gleichzeitig wird die Spanlänge gegenüber der theoretischen Spanlänge verkürzt.

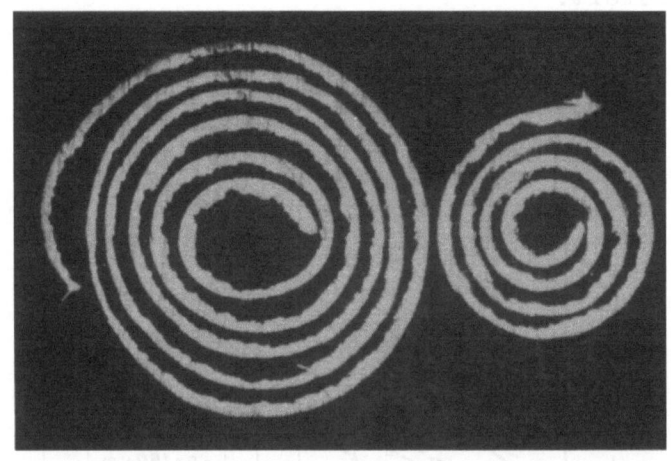

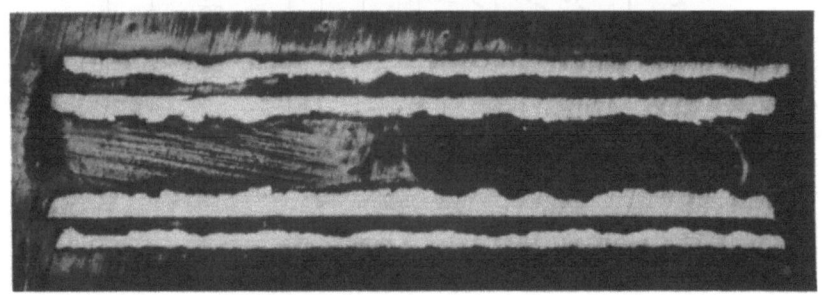

A b b i l d u n g   89
Längs- und Querschliff durch einen
Span beim Einzahnräumen

Das Verhältnis der Spandicke zur Spanungsdicke (theoretische Spandicke) wird dabei als Dickenstauchung $\lambda_d$, das Verhältnis der theoretischen Spanlänge zur wirklichen Spanlänge als Längenstauchung $\lambda_l$ bezeichnet. Beim Räumen ergaben sich jedoch sehr unterschiedliche Spandicken über die Länge eines Spanes, da die Spanoberseite bei den kleinen Spandicken sehr unregelmäßig und zerklüftet ist. Abbildung 89 zeigt einen Längs- und Querschliff eines beim Einzahnräumen gewonnenen Spanes. Die unterschiedlichen Dicken sind deutlich zu erkennen. Aus diesem Grunde wurden neben der Dickenstauchung zusätzlich die Längsstauchung ermittelt.

In Abbildung 90 sind die Spanstauchungen nach beiden Verfahren in Abhängigkeit von den verschiedenen Einflußgrößen wiedergegeben. In allen Fällen sind die Werte für die Dickenstauchung höher als für die Längenstauchung. Der Streubereich bei der Dickenstauchung ist ebenfalls wesentlich größer, da die tatsächliche Spandicke über Länge und Breite des Spanes in Grenzen zwischen 100 und 300 % schwankt. Demgegenüber wird durch die Längenmessung ein stark ausgleichender Mittelwert

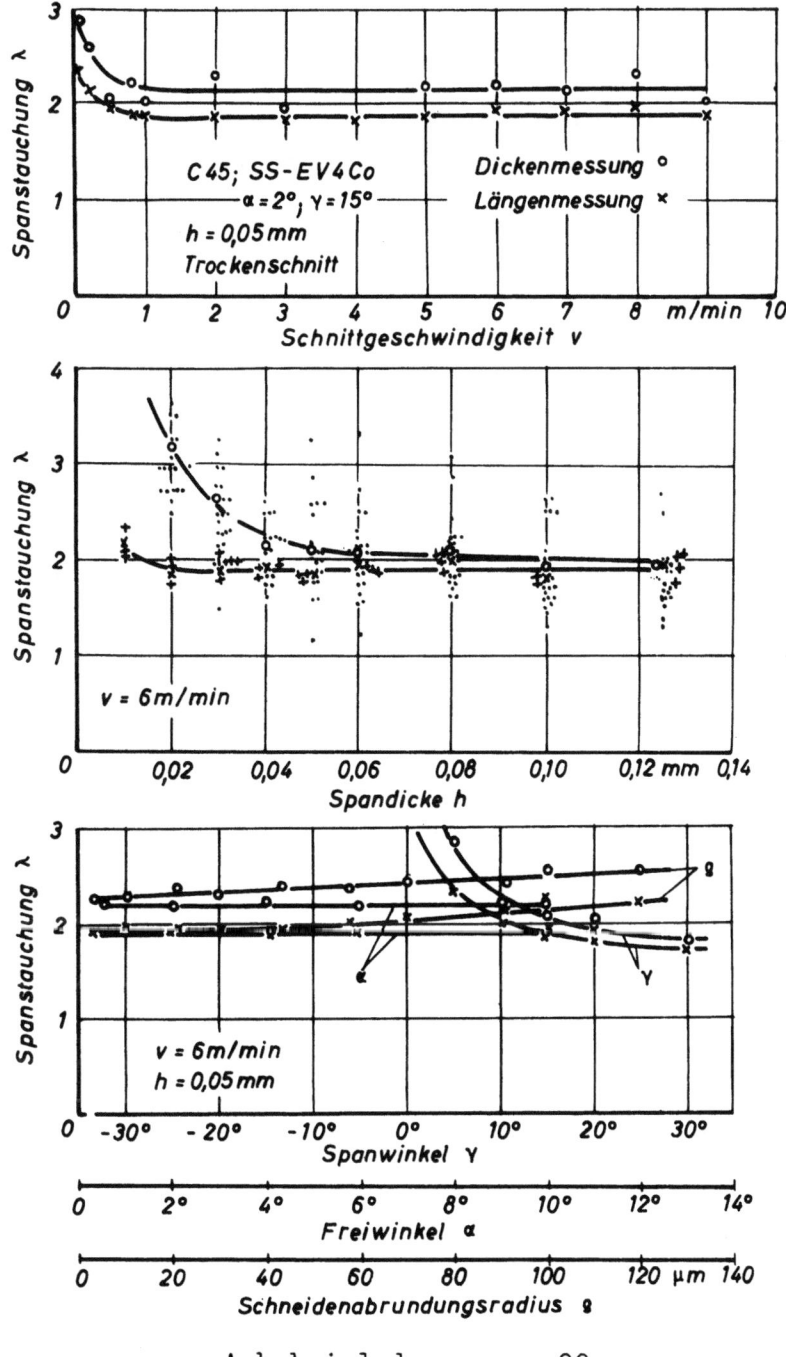

Abbildung 90

Spanstauchung als Funktion verschiedener Einflußgrößen

gebildet. Die Spanstauchung ist bei sehr kleinen Schnittgeschwindigkeiten und Spandicken größer als im weiteren Bereich der beim Räumen gebräuchlichen Schnittbedingungen. Ihr mittlerer Wert beträgt $\lambda \approx 2$. Lediglich der Spanwinkel hat einen stärkeren Einfluß, was sich wiederum auf die Größe der Schnittkraft bemerkbar macht. Der Freiwinkel beeinflußt die Spanstauchung nicht. Demgegenüber nimmt die Spanstauchung jedoch mit zunehmendem Schneidkantenabrundungsradius zu.

Da sich die Spanstauchung über den untersuchten Bereich - mit Ausnahme in Abhängigkeit vom Spanwinkel - bei den vorliegenden Schnittbedingungen beim Räumen praktisch nicht ändert, ist eine Beurteilung der Zerspanbarkeit anhand der Spanstauchung nicht möglich. Die Werte für die Spanstauchung liegen dabei mit $\lambda \approx 2$ sehr niedrig, was nach ZOREV [79] vor allem auf die Vergrößerung des tatsächlichen Spanwinkels infolge der Aufbauschneidenbildung zurückzuführen ist.

## 7. Zusammenfassung

In dem vorliegenden Bericht wurde versucht, die für das Arbeitsergebnis beim Räumen maßgebenden Einflußfaktoren systematisch zu untersuchen und in ihrem Zusammenwirken zu erfassen. Die Untersuchungen haben gezeigt, daß sich die Ergebnisse beim Einstechdrehen und Einzahnräumen ohne weiteres auf die Verhältnisse beim Räumen mit einem mehrschneidigen Werkzeug übertragen lassen, wenn die entsprechenden Schnittbedingungen angewandt werden. Dadurch wurde es möglich, die zahlreichen Einflußgrößen beim Räumvorgang getrennt zu erfassen und allgemeine Gesetzmäßigkeiten aufzustellen.

Aus verfahrensbedingten Gründen können im allgemeinen beim Räumen nur sehr niedrige Schnittgeschwindigkeiten und geringe Spandicken angewendet werden, so daß der Verschleiß der Werkzeuge in den meisten Fällen sehr gering und daher meßtechnisch schwierig zu erfassen ist. Aus diesem Grunde ist es kaum möglich, den Verschleiß als Maß zur Beurteilung des Standzeitendes eines Räumwerkzeuges allein heranzuziehen.

Die Untersuchungen zeigten jedoch, daß die Abstumpfung des Werkzeuges vor allem in Form einer Schneidkantenabrundung erfolgt, die wegen der nur geringen Spandicken in der Größenordnung der Spandicke liegt. Aus diesem Grunde hat die Schneidkantenabrundung einen großen Einfluß auf die Spanbildung sowie die Oberflächengüte des Werkstückes. Die Oberflächengüte des Werkstückes wird beim Räumen von Stahl durch das Auftreten der Aufbauschneide und die hiermit verbundene Schuppenbildung auf der Werkstückoberfläche bestimmt. Dabei konnten Zusammenhänge zwischen der Rauheit und der Aufbauschneidenbildung ermittelt werden.

Als Maß für die Aufbauschneidenbildung wurde die Zahl der Schuppen (Schneidenansatzteilchen auf der Werkstückoberfläche) herangezogen. Allgemein konnte festgestellt werden, daß mit größer werdender Aufbauschneide die Zahl der Schuppen je Meßlänge geringer wird, während ihre Höhe und damit auch die Rauheit des Werkstückes zunimmt. Die Aufbauschneidenbildung wird dabei maßgeblich durch die Festigkeit des Werkstoffes sowie die Temperatur an der Trennstelle beeinflußt. Je höher die Festigkeit des Werkstoffes ist, umso größer ist die Zahl der Schuppen und umso geringer die Rauheit.

Bezüglich der Temperatur lassen sich drei Bereiche abgrenzen: Unterhalb einer bestimmten Schnittemperatur, die etwa zwischen 50 und $80^{o}$ C liegen dürfte, tritt keine merkliche Aufbauschneidenbildung auf; die Oberfläche ist glatt und praktisch schuppenfrei. Oberhalb dieser Temperatur setzt die Aufbauschneidenbildung ein, wobei die Höhe der Schuppen zunächst mit steigender Temperatur zunimmt. Im Gebiet der Blaubruchsprödigkeit des Werkstoffes zwischen 200 und $400^{o}$ C nimmt die Schuppenzahl stark zu und erreicht etwa bei dem Höchstwert der Härte in diesem Bereich ihren Größtwert. Oberhalb des Blaubruchgebietes nimmt die Aufbauschneidenbildung ab, die Oberfläche wird glatter und schuppenfrei.

Beim Räumen kann jedoch dieses Gebiet der Blaubruchsprödigkeit praktisch nicht überschritten werden, so daß beim Räumen von Baustählen immer eine Aufbauschneide auftritt.

Die Zufuhr von Kühlschmiermitteln kann sich nur dann merklich auf den Schneidenansatz auswirken, wenn dadurch infolge der Verminderung der Reibung und der Kühlwirkung die Temperatur an der Schnittstelle wesentlich herabgesetzt wird.

Auf Grund der zunehmenden Abstumpfung der Schneide bzw. größer werdenden Abrundung wird die Rauheit mit wachsendem Räumweg größer. Da die Oberflächengüte in einem breiten Bereich streut, lassen sich hierüber nur statistisch gesicherte Aussagen machen. Es konnte gezeigt werden, daß eine lineare Regression der Oberflächengüte in Abhängigkeit vom Räumweg besteht. Die Untersuchungen zeigen damit eine Möglichkeit, die Standzeit des Räumwerkzeuges auf Grund der erreichbaren Oberflächengüte zu bestimmen. Als sinnvolle Bewertungsgröße ergibt sich hierbei maximal zulässige Mittelwert der Rauhtiefe für den jeweiligen Bearbeitungsfall, wobei es sinnvoll erscheint, diesen Mittelwert durch statistische Stichprobenerfassung aus der Gesamtheit der geräumten Werkstücke zu ermitteln.

Als weiteres wurden die Schnittkräfte in Abhängigkeit von den Schnittbedingungen beim Räumen ermittelt. Die Kenntnis der beim Räumen auftretenden Kräfte ist dabei maßgebend für die Auslegung von Maschine und Werkzeug. Für die Schnittkräfte beim Räumen sind die gleichen Gesetzmäßigkeiten gültig wie für das Drehen, so daß die für das Drehen ermittelten Schnittkraftwerte ohne weiteres auf das Räumen übertragen werden können, soweit sie für sehr niedrige Schnittgeschwindigkeiten vorliegen. Demgegenüber lassen die Schnittkräfte keine Aussagen über die Zerspanbarkeit bzw. Rückschlüsse auf die Standzeit der Werkzeuge zu.

Prof. Dr.-Ing. Herwart Opitz
Dr.-Ing. Helmut Rohde
Dipl.-Ing. Wilfried König

## Verzeichnis der Abkürzungen

$\alpha$    Freiwinkel (Angabe in Winkelgrad)
$\alpha'$    Nebenfreiwinkel
$\beta$    Keilwinkel
$\gamma$    Spanwinkel
$\lambda$    Neigungswinkel
$\varkappa$    Einstellwinkel
$\varepsilon$    Spitzenwinkel
$\varepsilon'$    Hinterschliffwinkel
$r$    Spitzenradius [mm]
$\varrho$    Schneidkantenabrundungsradius [µm]
$f$    Freiflächen-Fase [mm]
$b_N$    Nebenschneidenbreite [mm]
$h$    Zahnsteigung [mm]    Spandicke [mm]
$h_1$    Theoretische Spandicke [mm]
$h_2$    tatsächliche Spandicke [mm]
$s$    Vorschub [mm/U]
$a$    Spantiefe [mm]
$b$    Spanbreite, Schnittbreite [mm]
$t$    Zahnteilung [mm]
$t_m$    mittlere Zahnteilung [mm]
$z$    Anzahl der Zähne am Werkzeug
$z_{iE}$    Zahl der im Eingriff befindlichen Zähne
$l$    Einzelräumlänge je Werkstück [mm]
$w$    Räumweg [m]
$\bar{w}$    durchschnittlicher Räumweg [m]
$n$    Drehzahl [U/min]
$v$    Schnittgeschwindigkeit [m/min]
$t_N$    Nutentiefe [mm]
$T$    Drehzeit [min]
$B$    Verschleißmarkenbreite [mm]
SKV    Schneidkantenversatz [mm]
$K_T$    Kolktiefe [µm]
$K_M$    Kolkmittenabstand [µm]
$t$    Zerspanungstemperatur [°C]
$\bar{R}$    Rauhtiefe [µm]
$R$    durchschnittliche Rauhtiefe [µm]
$b$    Regressionskoeffizient

N     Anzahl der Stichproben (Meßwerte)

$R_a$     Arithmetischer Mittenrauhwert [µm]

x     Koordinaten der Meßstellen bei verschiedener Einzelräumlänge [mm]

$S_x$     Schuppenzahl (Anzahl der Aufbauschneidenteilchen) pro Meßlänge x ($S_5$: x = 5 mm)

$x_A$     Mittlerer Schuppenabstand [mm]

$f_A$     Ablösefrequenz der Aufbauschneidenteilchen [Hz]

$P_1$     Hauptschnittkraft [kg]

$P_2$     Vorschubkraft bzw. Seitenkraft [kg]

$P_3$     Rückkraft [kg]

$P_4$     Abdrängkraft [kg]

$P_Z$     Zugkraft [t]

$k_s$     Spezifische Schnittkraft [kg/mm$^2$]

$k_{s1.1}$     Hauptwert, spezifische Schnittkraft [kg/mm$^2$] pro 1 mm Spanbreite und 1 mm Spandicke

(1-z)     Anstiegswert aus der Schnittkraftformel von KIENZLE

$\lambda$     Spanstauchung

$\lambda_d$     Dickenstauchung    $\lambda_d = h_2/h_1$

$\lambda_l$     Längenstauchung    $\lambda_l = l_0/l$

R     Spanraumzahl

N     Leistung [KW, PS]

$\sigma_B$     Zugfestigkeit [kg/mm$^2$]

$H_v$, $H_B$, $H_m$     Härte nach VICKERS, BRINELL, HANEMANN [kg/mm$^2$]

## Literaturverzeichnis

[1] AXER, H. — Über die Ursachen des Verschleißes an Hartmetall-Drehwerkzeugen, Dissertation T.H. Aachen, 1956, siehe auch Industrie-Anzeiger, 7.6.1955 S. 610

[2] BICKEL, E. — Zum Problem der Schneidenabnutzung, Ind. Org. Zürich (1950), Nr. 3, S. 70

[3] BICKEL, E. — Beitrag zur Theorie des Reibungsverschleißes am Drehmeißel, Z. Microtecnic Nr. 2, Bd. IX (1955)

[4] COLWELL, A.T. — The Manufacture of Blades, Buckets and Vanes for Turbine Engines, Society of Automotive Engineers, New York 18

[5] DAWIHL, W. und E. DINGLINGER — Handbuch der Hartmetallwerkzeuge, Bd. 1 und 2, Springer-Verlag, Berlin-Göttingen-Heidelberg 1953/1956

[6] DJATSCHENKO, DR.P. — Die Beschaffenheit der Oberfläche bei der Zerspanung von Metallen, VEB-Verlag Technik, Berlin 1952

[7] ERNST H. und M.E. MERCHANT — Chip Formation, Friction and Finish, Cincinnati/Ohio (USA), The Cincinnati Milling Machine Company

[8] FORST, O. — Das Räumen, 1932

[9] GOTTWEIN, K. und W. REICHEL — Kühlschmieren, Carl Hanser Verlag, München 1953

[10] GRAF, U. und H.J. HENNING — Formeln und Tabellen der mathematischen Statistik, Springer-Verlag, Berlin-Göttingen-Heidelberg 1958

[11] HALL, H.L. — Untersuchungen über die Beeinflussung der Zerspanbarkeit von Stahl durch Kühlschmiermittel, Dissertation T.H. Stuttgart 1958

[12] HEIß, A. — Schartigkeit von Werkzeugschneiden, Werkstattstechnik und Maschinenbau 41 (1951), S. 233

[13] HUCKS, H. — Zerspanungskräfte und Werkstoffmechanik, 7. Aachener Werkzeugmaschinen-Kolloquium 1954, Girardet-Verlag, Essen, S. 73/80

[14] KAZEW, P.G.  Zur Frage der Schnittkräfte beim Räumen,
Z. Westnik maschinostrojenija Nr. 6, Moskau 1954, S. 44-46

[15] KIENZLE, O.  Außenräumen statt Fräsen,
Werkstattstechnik/Der Betrieb,
Bd. 38/23, Heft 1/2, Jan./Febr. 1944,
S. 1-6

[16] KIENZLE, O.  Die Bestimmung von Kräften und Leistungen an spanenden Werkzeugen und Werkzeugmaschinen,
Z. VDI, 94 (1952), S. 299/305

[17] KIENZLE, O. und H. VICTOR  Einfluß der Wärmebehandlung von Stählen auf die Hauptschnittkraft beim Drehen,
Stahl und Eisen, 74 (1954), S. 530/39

[18] KIENZLE, O. und H. VICTOR  Zerspanungstechnische Grundlagen für die kräftemäßige Berechnung und den Einsatz von Drehbänken, Hobelmaschinen und Bohrmaschinen,
Werkstattstechnik und Maschinenbau, 46 (1956), S. 283/288

[19] KIENZLE, O. und H. VICTOR  Spezifische Schnittkräfte bei der Metallbearbeitung,
Werkstattstechnik und Maschinenbau, 47, (1957), S. 224/225

[20] KIENZLE, O. und A. HEIß  Die Oberflächenabtastung in zwei Richtungen,
Werkstattstechnik und Maschinenbau, 41, Heft 3, 1951

[21] KNOLL, L.  Räumen-Innenräumen,
Werkstattbücher, Heft 26, Jahrgang 1926/1942

[22] KÖNIG, W.  Untersuchungen beim Räumen von Nimonic,
Industrie-Anzeiger Nr. 89, 1958

[23] KOHBLANCK, G.  Kühlen und Schmieren in der Zerspanungstechnik,
Fertigungstechnik 6. Jahrg. (1956), Heft 4, S. 152 und 205

[24] KREKELER, K.  Zerspanbarkeit der metallischen und nichtmetallischen Werkstoffe,
Verlag Springer-Berlin 1951

[25] KRONENBERG, M.  Grundzüge der Zerspanungslehre,
Bd. 1, Springer-Verlag Berlin 1954

[26] KÜSTERS, K.J. — Temperaturen im Schneidkeil spanender Werkzeuge, Dissertation T.H. Aachen 1956 siehe auch Industrie-Anzeiger Nr. 89, 6.11.1956

[27] LEYENSETTER, W. und H. MÜLLER — Der Einfluß der Wärmebehandlung auf die Zerspanbarkeit von Einsatzstählen in der Zahnradfertigung, Der Maschinenmarkt 1957, Nr. 10 und Nr. 20, Sonderteil Werkzeugmaschinen-Praxis

[28] LEYENSETTER, W. — Wirtschaftlich Zerspanen, Verlag Westermann, 1953

[29] LEYENSETTER, W. — Zerspanungsuntersuchungen beim Innenräumen, Zeitschrift Auto-Markt, Fachausgabe Automobil-Industrie, Heft 42 F, Oktober 1956, S. 76

[30] LINDER, A. — Statistische Methoden für Naturwissenschaftler, Mediziner und Ingenieure, Verlag Birkhäuser, Basel, 1957

[31] LISTER, T.S. und M.D. KINMAN — Machining of Corosion and Heatresistant Steels and Alloys, Institution of Mechanical Engineers, London S.W. 1

[32] LOLADSE, T.N. — Spanbildung beim Schneiden von Metallen, VEB-Verlag Technik, Berlin Bd. 176 (1954)

[33] MANN, A. — Untersuchungen von Räumnadeln mit verschiedenen Schnittwinkeln und Fasenbreiten, Dissertation T.H. Dresden 1929

[34] MÜLLER, H.R. — Die Bearbeitungszugabe beim Räumen, Werkstattstechnik 1942, Heft 19/20, S. 401-409

[35] MÜLLER, H.R. — Gegenwärtiger Stand des Außenräumverfahrens in Deutschland, Werkstatt und Betrieb, Oktober 1950, S. 425

[36] NADAI, A. und J. MANJOINE — High Speed Tension Tests at Elevated Temperatures, Journ. of Appl. Mechanics, June 1941, S.A. 77

[37] NIEDZWIEDZKI, A. — Lubrication in the Cutting of Metals, Machinery (London) 83, (1953), Nr. 2134 und 84 (1954) Nr. 2152, bespr. Werkstatt und Betrieb 88. Jahrg., 1955, Heft 1, S. 43

[38] OPITZ, H. und E. KOHLHAGE — Untersuchungen über eine Zuordnung zwischen ISA-Toleranz und Oberflächengüte, unveröffentlicht

[39] OPITZ, H. und K.J. KÜSTERS — Meßgeräte zur Ermittlung der Schnittkraft und Schnittemperatur bei Zerspanungsvorgängen, Werkstatt und Betrieb 85, (1952), S. 43/47

[40] OPITZ, H. und G. WEBER — Beitrag zur Analyse des Standzeitverhaltens, 7. Aachener Werkzeugmaschinen-Kolloquium, Verlag W. Girardet, Essen 1954

[41] OPITZ, W. — Untersuchungen der Hauptschnittkräfte an Formwerkzeugen beim Einstechdrehen, Dissertation T.H. Aachen 1958

[42] OSTERMANN, G. — Neuere Erkenntnisse über die Ursachen des Verschleißes auf der Spanfläche von Hartmetall-Drehwerkzeugen, Dissertation T.H. Aachen 1960

[43] PEKLENIK, J. — Ermittlung von geometrischen und physikalischen Kenngrößen für die Grundlagenforschung des Schleifens, Dissertation T.H. Aachen 1957

[44] ROHS, H.G. — Schnittkraftmeßgeräte, Industrie-Anzeiger Nr. 80, 7.10.1955

[45] RÜDIGER, C. — Das Räumen für Feinbearbeitung, Fertigungstechnik 4, Okt. 1954, S. 428-433

[46] SACHSENBERG, E. — Untersuchungen an Räumnadeln, Z. Die Werkzeugmaschine Nr. 4, 1929

[47] SALJÉ, E. — Ursachen und Minderung von Werkzeugschwingungen, Aufwand, Leistung und Wirtschaftlichkeit neuzeitlicher Werkzeugmaschinen, Verlag W. Girardet 1953

[48] SCHALLBROCH, H. und A. WALLICHS — Werkzeugverschleiß, insbesondere an Drehmeißeln, Berichte über betriebswissenschaftliche Arbeiten, VDI-Verlag, Bd. 1/1938

[49] SCHATZ, A. — Anforderungen der Schnellräumtechnik an den Räummaschinenbau, Werkstattstechnik und Maschinenbau, 44 (1954) S. 449/459

[50] SCHATZ, A. — Außenräumen, Werkstattbücher, Heft 80 Jahrg. 1952, Springer-Verlag

[51] SCHATZ, A. — Gestaltung von Außenräumwerkzeugen, Werkstatt und Betrieb, Jan. 1948, S. 1-9

[52] SCHATZ, A. — Hilfsbuch für das Räumen von Werkstücken, Werkstattkniffe Folge 13, 1951, Hanser-Verlag

[53] SCHATZ, A. — Innenräumen, Werkstattbuch 26, 3. Aufl., 1951

[54] SCHENCK, H., E. SCHMIDTMANN, H. BRANDIS und K. WINKLER — Einfluß der Temperatur bis 1000° C auf die Mikrohärte von Eisen und Eisenlegierungen, Z. Archiv f. Eisenhüttenwesen 1958, Heft 10

[55] SCHOLZ, W. — Untersuchungen über den Räumvorgang, Industrie-Anzeiger Nr. 53, 5.7.1955

[56] SCHWERD, F. — Neue Untersuchungen zur Schnitt-Theorie und Bearbeitbarkeit, Stahl und Eisen 51, Düsseldorf (1931) S. 481

[57] SCHWERD, F. — Forschung und Forschungsergebnisse zur Schnitt-Theorie, Z. VDI 76 (1932) S. 1257

[58] SCHWERD, F. — Filmaufnahmen des ablaufenden Spanes bei üblichen und bei sehr hohen Schnittgeschwindigkeiten, T. VDI 80 (1936), S. 233

[59] SCHWERD, F. — Die Prüfung der metallischen Werkstoffe, herausgegeben von E. SIEBEL, Springer-Verlag 1955, S. 599

[60] SERGIENKO, W.A. und K.P. NESABYTOWSKIY — Räumen und Räumwerkzeuge, Fachbuchverlag Leipzig 1955

[61] SHAW, M.C., J.D. PIGOTT und L.P. RICHARDSON — The Effect of the Cutting Fluid Upon Chip-Tool Interface Temperature, Transactions of the ASME, Jan. 1951, S. 45

[62] SHAW, M.C. — On the Action of Metal Cutting Fluids at Low Speeds, American Chemical Society, Chicago, Sept. 1958

[63] SIEBEL, E. — Handbuch der Werkstoffprüfung, Bd. II, 1955, Springer-Verlag Berlin-Göttingen-Heidelberg

[64] SIEBEL, H. — Untersuchungen über das Stirnfräsen von Stahl, Dissertation T.H. Aachen, 1958

[65] SILVAGI, J. — Proper Broach Gullet Design Reduces Chip Problems, Machinery, N.Y. April 1951, S. 181-188 bespr. Werkstatt und Betrieb, 86, 1953, S. 37

[66] STEFFENS, E. — Der heutige Stand des Räumens, Industrie-Anzeiger, Nr. 54, 6.7.1954

[67] TAYLOR, F.W. — On the Art of Cutting Metals, Transaction of the ASME, Vol. 28 (1907)

[68] TAYLOR, F.W. und A. WALLICHS — Über Dreharbeit und Werkzeugstähle, Verlag Julius Springer Berlin, 1917

[69] VICTOR, H. — Beitrag zur Kenntnis der Schnittkräfte beim Drehen, Hobeln, und Bohren, Dissertation T.H. Hannover, 1956

[70] VIEREGGE, G. — Zerspanung der Eisenwerkstoffe, Verlag Stahleisen mbH., Düsseldorf, 1959

[71] WALLICHS, A. und H. OPITZ — Die Prüfung der Zerspanbarkeit von Automatenstahl, Bericht Nr. 20 vom WZL (1930), Archiv für Eisenhüttenwesen 5 (1930/31) Heft 5

[72] WALLICHS, A. und H. OPITZ — Spanentstehung und Oberflächengüte, Z. VDI 77 (1933) S. 924

[73] WARTMANN, R. — Grundlagen der mathematischen Statistik, Bergakademie Clausthal

[74] WEBER, G. — Die Beziehungen zwischen Spanentstehung, Verschleißformen und Zerspanbarkeit beim Drehen von Stahl, Dissertation T.H. Aachen, 1954

[75] WEIS, C. — Schneid- und Kühlöle für die spanende Metallbearbeitung, Industrie-Anzeiger Nr. 103/104, 28.12.1956

[76] WETZEL, J. — Broaching Automotive Castings at 200 Feet per Minute, Machinery New York 59 (Aug. 1953), Nr. 12, S. 153, besproch. Werkstatt und Betrieb, 88, 1955, S. 99

[77] WHITE, St. J.    Buick Uses Carbide to Broach at
                     120 Feet per Minute,
                     Machinery, New York, 1951, S. 153,
                     bespr. Werkstatt und Betrieb 85, 1952,
                     S. 650

[78] WITTHOFF, J.    Die Hartmetallwerkzeuge in der spangeben-
                     den Formgebung,
                     München 1952, Hanser Verlag, München

[79] ZOREV, N.N.     Der Einfluß der Grundfaktoren auf den
                     Spanbildungsprozeß,
                     Industrie-Anzeiger Nr. 20 vom 10.3.1959

# FORSCHUNGSBERICHTE
# DES LANDES NORDRHEIN-WESTFALEN

Herausgegeben durch das Kultusministerium

MASCHINENBAU

**HEFT 45**
*Losenhausenwerk Düsseldorfer Maschinenbau AG.,
Düsseldorf*
Untersuchungen von störenden Einflüssen auf die Lastgrenzenanzeige von Dauerschwingprüfmaschinen
*1953, 36 Seiten, 11 Abb., 3 Tabellen, DM 7,25*

**HEFT 77**
*Meteor Apparatebau Paul Schmeck GmbH., Siegen*
Entwicklung von Leuchtstoffröhren hoher Leistung
*1954, 46 Seiten, 12 Abb., 2 Tabellen, DM 9,15*

**HEFT 100**
*Prof. Dr.-Ing. H. Opitz, Aachen*
Untersuchungen von elektrischen Antrieben, Steuerungen und Regelungen an Werkzeugmaschinen
*1955, 166 Seiten, 71 Abb., 3 Tabellen, DM 31,30*

**HEFT 136**
*Dipl.-Phys. P. Pilz, Remscheid*
Über spezielle Probleme der Zerkleinerungstechnik von Weichstoffen
*1955, 58 Seiten, 19 Abb., 2 Tabellen, DM 11,50*

**HEFT 147**
*Dr.-Ing. W. Rudisch, Unna*
Untersuchung einer drehelastischen Elektromagnet-Synchronkupplung
*1955, 82 Seiten, 65 Abb., DM 17,70*

**HEFT 183**
*Dr. W. Bornheim, Köln*
Entwicklungsarbeiten an Flaschen- und Ampullen-Behandlungsmaschinen für die pharmazeutische Industrie
*1956, 48 Seiten, 24 Abb., DM 11,70*

**HEFT 212**
*Dipl.-Ing. H. Spodig, Selm*
Untersuchung zur Anwendung der Dauermagnete in der Technik *1955, 44 Seiten, 25 Abb., DM 9,80*

**HEFT 295**
*Prof. Dr.-Ing. H. Opitz und Dipl.-Ing. H. Axer, Aachen*
Untersuchung und Weiterentwicklung neuartiger elektrischer Bearbeitungsverfahren
*1956, 42 Seiten, 27 Abb., DM 10,30*

**HEFT 298**
*Prof. Dr.-Ing. E. Oehler, Aachen*
Untersuchung von kritischen Drehzahlen, die durch Kreiselmomente verursacht werden
*1956, 50 Seiten, 35 Abb., DM 13,15*

**HEFT 384**
*Prof. Dr.-Ing. H. Opitz, Aachen*
Schwingungsuntersuchungen an Werkzeugmaschinen
*1958, 66 Seiten, 73 Abb., DM 20,40*

**HEFT 412**
*Prof. Dr.-Ing. H. Opitz, Aachen*
Kennwerte und Leistungsbedarf für Werkzeugmaschinengetriebe
*1958, 72 Seiten, 35 Abb., DM 17,20*

**HEFT 506**
*Prof. Dr.-Ing. W. Meyer zur Capellen, Aachen*
Der Flächeninhalt von Koppelkurven. Ein Beitrag zu ihrem Formenwandel
*1958, 74 Seiten, 26 Abb., DM 21,50*

**HEFT 533**
*Prof. Dr.-Ing. H. Opitz und Dipl.-Ing. W. Hölken, Aachen*
Untersuchung von Ratterschwingungen an Drehbänken
*1958, 70 Seiten, 44 Abb., 2 Tabellen, DM 19,70*

**HEFT 606**
*Oberbaurat Prof. Dr.-Ing. W. Meyer zur Capellen, Aachen*
Eine Getriebegruppe mit stationärem Geschwindigkeitsverlauf
*1958, 34 Seiten, 21 Abb., DM 10,50*

**HEFT 631**
*Dr. E. Wedekind, Krefeld*
Der Einfluß der Automatisierung auf die Struktur der Maschinen- und Arbeiterzeiten am mehrstelligen Arbeitsplatz in der Textilindustrie
*1958, 72 Seiten, 32 Abb., 8 Tabellen, DM 21,10*

**HEFT 667**
*Prof. Dr.-Ing. H. Opitz und Dipl.-Ing. H. de Jong, Aachen*
Schwingungs- und Geräuschuntersuchung an ortsfesten Getrieben
*1959, 32 Seiten, 28 Abb., 2 Tabellen, DM 10,30*

**HEFT 668**
*Prof. Dr.-Ing. H. Opitz, Dipl.-Ing. G. Ostermann und Dipl.-Ing. M. Gappisch, Aachen*
Beobachtungen über den Verschleiß an Hartmetallwerkzeugen
*1958, 38 Seiten, 26 Abb., DM 12,—*

**HEFT 669**
*Prof. Dr.-Ing. H. Opitz, Dipl.-Ing. H. Uhrmeister und Dipl.-Ing. K. Jüstel, Aachen*
Aufbau und Wirkungsweise einer Magnetbandsteuerung
*1958, 50 Seiten, 39 Abb., DM 15,—*

**HEFT 670**
*Prof. Dr.-Ing. H. Opitz und Dipl.-Ing. W. Backé, Aachen*
Untersuchung von Kopiersteuerungen
*1959, 70 Seiten, 54 Abb., DM 18,80*

**HEFT 671**
*Prof. Dr.-Ing. H. Opitz, Dr.-Ing. R. Piekenbrink und Dipl.-Ing. K. Honrath, Aachen*
Untersuchungen an Werkzeugmaschinenelementen
*1959, 70 Seiten, 71 Abb., DM 20,—*

**HEFT 672**
*Prof. Dr.-Ing. H. Opitz, Dipl.-Ing. H. Heiermann und Dipl.-Ing. B. Rupprecht, Aachen*
Untersuchungen beim Innenrundschleifen
*1959, 34 Seiten, 50 Abb., DM 11,50*

**HEFT 673**
*Prof. Dr.-Ing. H. Opitz, Dipl.-Ing. H. Obrig und Dipl.-Ing. K. Ganser, Aachen*
Die Bearbeitung von Werkzeugstoffen durch funkenerosives Senken
*1959, 60 Seiten, 41 Abb., 1 Tabelle, DM 18,—*

**HEFT 676**
*Prof. Dr.-Ing. W. Meyer zur Capellen, Aachen*
Harmonische Analyse bei Kurbeltrieben.
I. Allgemeine Zusammenhänge
*1959, 38 Seiten. 10 Abb., DM 11,50*

**HEFT 695**
*Dr.-Ing. W. Herding, München*
Die Fahrdynamik und das Arbeitsspiel gleisloser Erdbaugeräte als Kalkulationsgrundlage für die Bodenförderung und ihre Kosten
*1960, 178 Seiten, 89 Abb., 18 Tabellen, DM 49,—*

**HEFT 718**
*Prof. Dr.-Ing. W. Meyer zur Capellen, Aachen*
Die geschränkte Kurbelschleife
I. Die Bewegungsverhältnisse
*1959, 110 Seiten, 54 Abb., DM 29,20*

**HEFT 764**
*Prof. Dr.-Ing. H. Opitz, Dr.-Ing. H. Siebel und Dipl.-Ing. R. Fleck, Aachen*
Keramische Schneidstoffe
*1959, 30 Seiten, 18 Abb., DM 9,80*

**HEFT 772**
*Prof. Dr.-Ing. W. Meyer zur Capellen*
Nomogramme zur geneigten Sinuslinie
*1959, 28 Seiten, 11 Abb., DM 8,50*

**HEFT 775**
*Prof. Dr.-Ing. H. Opitz*
Automatische Erfassung der Maßabweichung der Werkstücke zum Zweck der selbständigen Korrektur der Maschine
*1959, 38 Seiten, 27 Abb., DM 11,40*

**HEFT 777**
*Prof. Dr.-Ing. H. Opitz und Dipl.-Ing. P.-H. Brammertz, Aachen*
Werkstückgüte und Fertigkeitskosten beim Innen-Feindrehen und Außenrund-Einsteckschleifen
*1959, 92 Seiten, 68 Abb., DM 25,30*

**HEFT 788**
*Prof. Dr.-Ing. Herwart Opitz, Aachen*
Der Einsatz radioaktiver Isotope bei Zerspannungsuntersuchungen *1959, 36 Seiten, 23 Abb., DM 11,30*

**HEFT 794**
*Dipl.-Ing. Reinhard Wilken, Düsseldorf*
Das Biegen von Innenborden mit Stempeln
*1959, 82 Seiten, DM 22,40*

**HEFT 801**
*Baurat Dipl.-Ing. Gesell, Duisburg*
Ersatz von Quarzsand als Strahlmittel
*1960, 66 Seiten, 12 Abb., 4 Tabellen, 17 Diagramme, DM 18,90*

**HEFT 803**
*Prof. Dr.-Ing. W. Meyer zur Capellen und Dipl.-Ing. E. Lenk, Aachen*
Harmonische Analyse bei Kurbeltrieben. Teil II: Gleichschenklige Getriebe
*1960, 69 Seiten, 15 Abb., DM 18,40*

**HEFT 804**
*Prof. Dr.-Ing. W. Meyer zur Capellen und Dipl.-Ing. W. Rath, Aachen*
Die geschränkte Kurbelschleife. Teil II: Die Harmonische Analyse
*1960, 66 Seiten, 14 Abb., DM 18,90*

**HEFT 806**
*Prof. Dr.-Ing. H. Opitz u. a., Aachen*
Untersuchungen von Zahnradgetrieben und Zahnradbearbeitungsmaschinen
*1960, 95 Seiten, 81 Abb., DM 29,30*

**HEFT 809**
*Prof. Dr.-Ing. H. Opitz und Dipl.-Ing. H. H. Herold, Aachen*
Untersuchung von elektro-mechanischen Schaltelementen
*1960, 35 Seiten, 16 Abb., DM 11,—*

**HEFT 810**
*Prof. Dr.-Ing. H. Opitz und Dr.-Ing. N. Maas, Aachen*
Das dynamische Verhalten von Lastschaltgetrieben
*1960, 97 Seiten, 77 Abb., DM 29,50*

**HEFT 811**
*Prof. Dr.-Ing. H. Opitz und Dipl.-Ing. H. Bürklin, Aachen
Fa. Schoppe & Faeser, Minden, bearbeitet im Auftrage des Forschungsinstitutes für Rationalisierung in Aachen*
Über Weggeber für automatisch gesteuerte Arbeitsmaschinen

**HEFT 820**
*Prof. Dr.-Ing. H. Opitz, Dipl.-Ing. H. Rohde und Dipl.-Ing. W. König, Aachen*
Untersuchungen der Spanformung durch Spanbrecher beim Drehen mit Hartmetallwerkzeugen
*1960, 35 Seiten, 16 Abb., DM 15,80*

**HEFT 830**
*Prof. Dr.-Ing. H. Opitz und Dipl.-Ing. W. Backé, Aachen*
Automatisierung des Arbeitsablaufes in der spanabhebenden Fertigung

**HEFT 831**
*Prof. Dr.-Ing. H. Opitz, Dr.-Ing. H.-G. Rohs und Dr.-Ing. G. Stute, Aachen*
Statistische Untersuchungen über die Ausnutzung von Werkzeugmaschinen in der Einzel- und Massenfertigung
*1960, 38 Seiten, 32 Abb., DM 13,—*

**HEFT 864**
*Prof. Dr.-Ing. H. Opitz, Aachen*
Funkenarbeit und Bearbeitungsergebnis bei der funkenerosiven Bearbeitung
*1960, 44 Seiten. 19 Abb., DM 13,10*

HEFT 873
*Prof. Dr.-Ing. W. Meyer zur Capellen und
Dipl.-Ing. W. Rath, Aachen*
Kinematik der sphärischen Schubkurbel
*1960, 38 Seiten, 13 Abb., DM 11,20*

HEFT 887
*Baurat Dipl.-Ing. W. Gesell, Duisburg*
Arbeiten mit Preß-Formmaschinen unter Normal-Bedingungen und bei hohen spezifischen Preßdrucken

HEFT 898
*Prof. Dr.-Ing. H. Opitz und H. de Jong, Aachen*
Untersuchung von Zahnradgetrieben und Zahnradbearbeitungsmaschinen in Zusammenarbeit mit der Industrie

HEFT 900
*Prof. Dr.-Ing. H. Opitz und Dr.-Ing. J. Bielefeld, Aachen*
Automatisierung der Werkzeugmaschine für die spanabhebende Bearbeitung

HEFT 901
*Prof. Dr.-Ing. H. Opitz, Dr.-Ing. J. Bielefeld und
Dipl.-Ing. W. Kalkert, Aachen*
Lebensdauerprüfung von Zahnradgetrieben

Ein Gesamtverzeichnis der Forschungsberichte, die folgende Gebiete umfassen, kann bei Bedarf vom Verlag angefordert werden:
Acetylen / Schweißtechnik – Arbeitspsychologie und -wissenschaft – Bau / Steine / Erden – Bergbau – Biologie – Chemie – Eisenverarbeitende Industrie – Elektrotechnik / Optik – Fahrzeugbau / Gasmotoren – Farbe / Papier / Photographie – Fertigung – Gaswirtschaft – Hüttenwesen / Werkstoffkunde – Luftfahrt / Flugwissenschaften – Maschinenbau – Medizin / Pharmakologie / Physiologie – NE-Metalle – Physik – Schall / Ultraschall – Schiffahrt – Textiltechnik / Faserforschung / Wäschereiforschung – Turbinen – Verkehr – Wirtschaftswissenschaften.

If you have any concerns about our products,
you can contact us on
**ProductSafety@springernature.com**

In case Publisher is established outside the EU,
the EU authorized representative is:
**Springer Nature Customer Service Center GmbH
Europaplatz 3, 69115 Heidelberg, Germany**

Printed by Libri Plureos GmbH
in Hamburg, Germany